U0321922

崂山古树名木

李腾 主编

中国林业出版社

图书在版编目（CIP）数据

崂山古树名木 / 李腾主编 . -- 北京：中国林业出版社，2015.8

ISBN 978-7-5038-8104-6

Ⅰ.①崂… Ⅱ.①李… Ⅲ.①崂山－树木－介绍 Ⅳ.① S717.252.3

中国版本图书馆 CIP 数据核字 (2015) 第 188415 号

策划编辑　康红梅　　何增明
责任编辑　盛春玲　　何增明

出版发行　中国林业出版社
　　　　　　（北京市西城区德内大街刘海胡同7号　100009）
电　　话　(010) 83143567
制　　版　北京美光设计制版有限公司
印　　刷　北京卡乐富印刷有限公司
版　　次　2015年8月第1版
印　　次　2015年8月第1次印刷
开　　本　889mm×1194mm　1/16
印　　张　12.5
字　　数　259千字
定　　价　198.00元

崂山古树名木

编委会

主 编　李 腾

副主编　栾绍龙　李红伟

编 委　崔孝平　吕爱军　周春玲　孙远大　邹助雄
　　　　杨 燕　匡星星　曲益涛　徐 华　李 静
　　　　闫飞宏　隋桂花　纪海旺　姜金龙　王大海
　　　　王亚珍　魏小鹏

保护名木古树　建设美丽崂山

　　"问我祖先在何处，山西洪洞大槐树。祖先故里叫什么，大槐树下老鸹窝。"这首民谣说的是山西洪洞大槐树的故事。同样，在崂山，很多村落都会有一两株古树屹立村前，静静地守护着这一方水土，见证着历史的变迁。王哥庄东台社区的千年"槐庆德"至今仍枝繁叶茂，姜家社区500年的圆柏树庇佑一村人，砖塔岭社区400年的耐冬繁花满树……有的树木有一个或是几个传说，这些传说的年代贯穿不同的历史时期。有的古树树龄比村落的历史还要长，成为村落文化的根基。

　　随着岁月的流逝，许多弥足珍贵的古树已经消亡或濒临死亡。在举国开展的大规模的城市和新农村建设中，古树保护也面临着更多的挑战。而开展对古树的系统保护，不仅保护了古树本身，同时也是保护了她们所具有的整体的自然信息、气候信息、文化信息、审美信息等丰富的历史信息。

　　保护古树名木，珍爱生态环境，是人与自然和谐相处的内在要求。相信《崂山古树名木》的出版，将为美丽崂山的建设提供更为坚实的基础。

青岛市崂山区人民政府副区长

2015年8月

前言 Preface

青岛市崂山区位于山东半岛南部，东、南濒黄海，西邻市南区、市北区，西北邻李沧区，北接城阳区和即墨市，辖设中韩、沙子口、王哥庄、北宅4个街道办事处，139个农村社区。崂山特殊的地理环境，悠久的历史文化，使其成为古树名木较为集中的地方。在寺庙道观、村前巷后散布着大量古树，其中著名的有太清景区的"汉柏凌霄"、"唐榆形龙"、宋朝银杏、元朝耐冬；上清景区的千年银杏，700年的黄杨；棋盘石景区内的"群柞明志"、"蛟龙探海"和"华严迎客松"；以及仰口景区内的"华盖迎宾"等。

古树作为活化石，记录着自然气候的变迁，见证着历史文化的发展，是崂山最珍贵的资源之一。2013年，崂山区农林局及崂山林场对青岛市崂山风景名胜区及139个农村社区的古树名木进行了全面调查。目前青岛市崂山区现有古树名木290株，其中国家一级古树68株，占崂山区古树名木总数的23.45%；国家二级古树40株，占崂山区古树名木总数的13.79%；国家三级古树173株，占崂山区古树名木总数的59.66%；名木9株，占崂山区古树名木总数的3.1%。290株古树隶属26科35属42种，以银杏、楸、栓皮栎、黄杨、侧柏为主，这几种树木约占崂山区古树总数量的50%。

古树名木是森林资源中的瑰宝，失而不可复得。为保护古树名木资源，国家和青岛市、崂山区政府相继出台了不少古树名木保护的条例，这些保护条例的落实，使古树名木的保护初见成效。但这些古树名木因自然灾害和人为活动的影响，仍然存在不同程度的破坏，还需要我们在不断总结实践经验的基础上完善相关的法律制度。为积极挖掘古树名木的文化内涵，做到家喻户晓，唤起人们对古树名木的景仰之情，我们整理出版了这本《崂山古树名木》，并希望以此为基础，放眼未来、科学规划、精心管护，确保古树健康成长，让这些珍贵的古树能枝繁叶茂，继续见证崂山发生的新变化。

本书是集体劳动的成果，崂山区林业系统及崂山林场大批技术人员不辞辛劳，翻山越岭，对古树名木进行现场调查，多方搜集整理相关资料。我们向参与调查工作的同志和单位，向提供资料和给予支持的同志和单位致以由衷的感谢。参加调查和提供照片及资料的同志有崔孝平、吕爱军、李广海、孙远大、邹助雄、杨燕、匡星星、曲益涛、王福生、隋桂花、姜金龙、苏永茂、马祥宾、李建敏、胡馨予、宋慧慧、刘将、刘佳、周斌、王晓蒙、史鹏飞等。

由于编者水平有限，错误之处在所难免，敬请读者批评指正。

编者

2015年8月

目录 Contents

第四章　古树名木保护与利用

附录

第一章

崂山区概况

一 崂山区地理位置与地形

崂山区位于青岛市区东部，它东南部濒临黄海，西部与青岛市南区、市北区相邻，北部与李沧区、城阳区、即墨市接壤。地理坐标为东经120°22′～120°43′、北纬35°23′～36°03′。东西宽27.3km，南北长31.3km，辖区陆域面积395.8km²，海域面积3700km²，海岸线长103.7km。下辖设中韩、沙子口、王哥庄、北宅4个街道办事处，158个社区（139个农村社区和19个城市社区），户籍人口24.9万人，中心城区居民13万人。崂山区地形呈东高西低之势，域内东部为崂山山脉，峰峦叠出，最高者为巨峰，海拔1132.7m，四周千岩万壑回环，地势向西逐渐降低。其地貌属低山丘陵和平原岗地，低山丘陵分布于东部、东南部和北部，西部、西南部为平原岗地。区内以丘陵区为主，其中，丘陵区面积占总面积的54.77%，低山区面积占总面积的19.65%，平原区面积占总面积的25.58%。绕山区东南的海岸线长87.3km，形成了13个有名称的海湾，有大小岛屿16个。

二 崂山区气候与土壤

1. 崂山区气候类型

崂山区属北温带大陆性季风气候，年温适中，夏无酷暑，冬少严寒。具体表现为春冷、夏凉、秋暖、冬温；昼夜温差小；无霜期长和湿度大等海洋性气候特征。适宜优质果树、茶树、花卉、蔬菜等高效经济作物的栽培，以及各类乡土树种、经济树种、暖温带甚至亚热带作物新品种的培育。

全区年平均气温12.6℃，极端最高气温38.2℃，极端最低气温−20.05℃。1月最冷，月平均气温−1.9℃，8月最热，月平均气温25.7℃。年平均降水量837.7mm，降水年际变化较大，年内分布不均，全年降水量有77.1%集中在汛期（6～9月），其中约有56.1%集中在7～8月，枯水期的8个月降水量只占全年降水量的22.9%。年平均风速为2.3m/s，3～5月平均风速较大，为2.7m/s，4月份平均风速最大为2.9m/s。年平均相对湿度66%～84%，年平均日照时数为2233.7h，全年无霜期203～212天。

区域内崂山因受海洋影响，加之地形复杂，形成了多变的小气候条件。东部山区降水较多，空气湿润，小气候区明显：太清宫附近被誉为"小江南"；巨峰北则名为"小关东"；中部低山和丘陵区降水适中，形成半湿润温和区。历年平均降水时间为84.3天。降水量月振幅较大，各季节也差别较大，具体表现为：春旱，夏雨集中，秋不稳定，冬季最少。

2. 崂山区土壤类型

区域内土壤主要有棕壤、潮土2个大类。棕壤分布于低山丘陵，成土母岩以花岗岩为主，土层深浅不一，土质差异较大。海拔300m以上地带的土壤，表层大都覆盖着残落物，生物积累作用很强，有机质含量很高，土壤养分丰富，多为砂壤质、轻壤质或壤质土，土层厚度一般在50cm以上。山岭岗地砾石较多，由于人为活动较为频繁，水土流失严重，土壤多为砂质、砂壤质或砾质，土层厚度多在50cm以下，理化性能较差，肥力不高。潮土分布于山前平原区，地势平缓，土层较深厚，质地适中，通透性好，肥力较高。

三　崂山区主要植被

崂山区地处亚热带之终，北温带之始，又濒临黄海，故气候温和湿润，适宜南北各方多种植物在此生长或驯化繁殖。由于地形复杂，区域内植物种类繁多，形成森林、灌木丛、草丛、沙生植物、盐生植物及农业栽培植物等多种植被类型。

1. 温带森林植被

崂山森林植被自然分布属华北落叶阔叶林带胶东松栎林区。由于崂山地形复杂，小气候差异明显，所以森林植被分布也不尽一致。

温暖型森林植被分布在崂山南麓的太清宫及其周围地区。该区域倚山襟海，背风向阳，冬暖夏凉，崂山的绝大部分亚热带树种集中在这里。常绿阔叶树种有：山茶、黄杨、红楠、竹叶椒及桂花等。落叶阔叶树种有：麻栎、野茉莉、玉玲花、流苏、糙叶树、山胡椒及白檀等。针叶树种有：赤松、黑松等。

干旱型森林植被分布在流清河、登瀛、沙子口、汉河一带山地阳坡及大标山东北坡。该区域植被少，水土流失重，岩石裸露，土壤瘠薄，气候干燥，因此没有发达的木本植物群落。乔木树种有赤松、黑松、刺槐及臭椿，山谷内有少量的杨树、楸树。

阴湿型森林植被分布在崂山阴坡，包括北宅街道办事处卧龙村以东至北九水一带、王哥庄街道办事处石人河以南至青山一带和惜福镇铁骑山以东地区。该区域降雨多，湿度大，土地肥沃，植被茂盛。除有大片的黑松、落叶松、刺槐外，还有山樱、水榆花楸、椴树、辽东桤木等伴生树种。

半湿润型森林植被分布在崂山西部丘陵及平原低洼地区，乔木以杨、柳、槐及各类干鲜果树为主。

从森林植被的覆盖情况看，崂山巨峰南麓太清宫一带植被种类较多，植被覆盖率高。巨峰北麓植被群落面积大，杂草密生，植被较山南多。巨峰西南沙子口一带，裸岩较多，森林植被较巨峰南北侧少，杂草稀疏，植被覆盖率也较低。西部丘陵地带林、果、灌木、杂草等交互杂生，植被覆盖率为中等水平。

2. 温带灌木丛植被

崂山的温带落叶灌木丛植被中常见的有黄荆、荆条、胡枝子、迎红杜鹃、天目琼花、多花蔷薇、锦带花、华北绣线菊、鼠李及钩齿溲疏等。多分布于山区林木植被较为茂密略具郁闭的林下，覆盖率2%～3%。

3. 温带草丛植被

温带草丛多为自然植被，常见的草类有黄背草、野谷草、结缕草、鹅鹳草、羊胡子草、白茅、地榆、百里香、丝石竹、柴胡、桔梗、野生大豆、玉竹、元胡、远志、野菊、百合、石苇及山草等，这些植物为荒山、荒坡、冲沟、峪谷及疏林树下的优势植物，能积累丰富的有机质，对涵养水土起到良好的作用，且该区域植被覆盖率较高。

4. 温带沙生植物植被

温带沙生植物多分布在沿河的沙滩与田野，有筛草、白茅、节骨草、狗尾草、三棱草、乌眼草、刺儿菜、老鼠布袋、蒲公英、苦菜、荠菜及灰菜等。此类植物对沙滩能起保土固沙作用，有一定覆盖度。

5. 温带沿海沙滩盐生植物植被

温带沿海沙滩盐生植物，主要分布在王哥庄镇、沙子口镇和中韩镇的海岸含盐沙滩地带。常见的有碱蒿、芦苇、柽柳及獐毛草等，群落差度70%～80%。仰口沙滩分布有珊瑚菜等珍稀濒危植物。

6. 农业栽培植被

崂山的经济林木有葡萄、苹果、桃、杏、樱桃、梨、山楂及板栗等，1987年植被覆盖率为5.6%。粮食作物有小麦、玉米、大豆、谷子、地瓜及花生等。经济作物有蔬菜、瓜类、草莓等。

四　崂山区林业资源现状

1. 林地资源状况

根据2009年崂山区森林资源二类调查，崂山区土地总面积为38 917.81hm^2，其中林业用地面积18 762.91hm^2，占48.21%；非林业用地面积20 154.9hm^2，占51.79%。林地全部为人工林。详见表1-1。

表1-1　各类森林及林种面积和比例

	合计	公益林					
		重点公益林			一般公益林		
		小计	防护林	特用林	小计	防护林	特用林
面积（hm^2）	18 762.91	17 929.91	16 353.98	1575.93	833.00	833.00	0.00
比例（%）	100.00	95.60	87.16	8.40	4.40	4.40	0.00

2. 各类森林蓄积量

全区各类森林蓄积量见表1-2。全区活立木总蓄积量792 351m^3，其中有林地720 531m^3，占活立木蓄积量的90.94%；散立木蓄积量5853m³，占0.74%；四旁树蓄积量65 985m³，占8.32%。林地生产力为38.4m³/hm²。

表1-2　各类森林蓄积量、面积及比例统计表

龄组	幼龄林	中龄林	近熟林	成熟林	过熟林
面积（hm²）	3491.43	6396.68	7640.62	1045.41	188.77
比例（%）	18.61	34.09	40.72	5.57	1.01
蓄积量（m³）	93 985.00	286 897.00	264 865.00	55 494.00	19 290.00
比例（%）	13.04	39.82	36.76	7.70	2.68

3. 主要优势树种的面积、蓄积量

优势树种主要有黑松、赤松、落叶松、刺槐、栎类等，各优势树种的分布面积和蓄积量如表1-3。

表1-3　各优势树种面积和蓄积量统计表

优势树种	面积（hm²）	占比（%）	蓄积量（m³）	占比（%）
松类（黑松、赤松）	14 291.90	76.20	493 342.00	57.10
落叶松	2626.90	14.00	291 556.00	33.70
刺　槐	1257.50	6.70	56 665.00	6.60
栎　类	84.90	0.50	8886.00	1.00
其　他	501.71	2.60	13 560.00	1.60
合　计	18 762.91	100.00	864 009.00	100.00

从表中可以看出，松类（黑松、赤松）蓄积量为493 342m³，占主要优势树种总蓄积量的57.1%，面积14 291.9hm²，占主要优势树种总分布面积的76.2%，占绝对优势。其次为落叶松，面积和蓄积量分别占14.0%和33.7%。

4. 林业现状指标

崂山区各林业现状指标如下：

森林覆盖率59.95%；

城市建成区绿化覆盖率43.1%；

城市建成区绿地率41.85%；

人均公共绿地面积18.6m^2；

活立木总蓄积量792 351m^3；

生态公益林面积18 762.91hm^3；

茶叶种植面积1400hm^2；

优质果树种植面积545hm^2；

花卉种植面积133hm^2；

崂山风景区全年接待987万人次。

五　崂山的历史与传统文化

1. 崂山的历史

崂山形成于1.4亿年前的白垩纪早期。其山势东峻西缓，山体主要为灰黑色花岗岩。经千万年的风化和雨水的冲刷，形成"群峰削蜡几千仞，乱石穿空一万株"的奇景。崂山，古代又曾称牢山、劳山、二劳山、辅唐山、鳌山。崂山的名称最早见于《南史·明僧绍传》，文中有"隐长广郡崂山，聚徒立学"；《本草纲目》中亦有"天麻生泰山、崂山诸山"。

2. 崂山的传统文化

（1）道教文化

崂山是道教发祥地之一。崂山自春秋时期就云集一批长期从事养生修身的方士之流，明代志书曾载"吴王夫差尝登崂山得灵宝度人经"。到战国后期，崂山已成为享誉国内的"东海仙山"。汉武帝两次幸不其（今青岛市城阳区），《汉书》载武帝在崂山"祠神人于交门宫"时"不其有太乙仙洞九，此其一也"。西汉武帝建元元年（公元前140年）张廉夫来崂山搭茅庵供奉三官并授徒拜祭，奠定了崂山道教的基础。从西汉到五代时期末，崂山道教基本属于太平道及南北朝时期寇谦之改革后的天师道，从宗派上分属于楼观教团、灵宝派、上清派（亦称茅山宗、阁皂宗）。宋代初期，崂山道士刘若拙得宋太祖敕封为"华盖真人"，崂山各道教庙宇则统属新创"华盖派"。金元以来，道教全真派兴起，崂山各庙纷纷皈依于"北七真"的各门派，成吉思汗敕封邱处机之后，崂山道教大兴。延至明代，崂山道教的"龙门派"中衍生三派，使教派总数达到10个，崂山及周边地区道教长盛不衰。至清代中期，道教宫观多达近百处，对外有"九宫八观七十二庵"之说。

近代以来，帝国主义列强的入侵使崂山道教文化遭到严重破坏，其中以1939—1943年侵华日军对崂山的"扫荡"为害最重。道士被杀害，庙宇被炸毁，珍藏被掠走，崂山道教自此每况愈下。新中国成立后，青岛市人民政府于1952年拨专款对崂山道教庙宇实施重点维修，崂山道教得到保护和生存。"文化大革命"前期，崂山道教作为"四旧"受到冲击，神像被毁掉，道士被遣散，崂山道教的宗教活动废止。十一届三中全会以后，青岛市人民政府逐步有计划地恢复部分崂山道教庙宇，落实宗教政策，召回道士，重修神像，返还庙产。道观园林在崂山也日趋丰富，或以林掩其幽，或以山壮其势，或重檐飞翘，或洞天福地；飞瀑流泉、刻石碑记、苍松古柏、奇花异石，美不胜收。如今崂山山区内尚存道观有太清宫、上清宫、明霞洞、太平宫、通真宫、华楼宫、蔚竹庵、白云洞、明道观、关帝庙、百福庵。对外开放的庙宇有太清宫、上清宫、明霞洞和太平宫。

（2）佛教文化

佛教传入崂山地区，已有1700多年的历史。崂山之佛教始于魏晋，盛于隋唐，明代又迭起高潮，清代后期渐衰。崂山的崇佛寺（俗称荆沟院）建于魏元帝景元五年（264年），这是崂山最古老的寺院，应视为佛教在崂山的发端。东晋义熙八年（412年），到印度等地求经的僧人法显泛海返国，遇飓风漂泊到不其县崂山南岸栲栳岛一带登陆，当时不其县为长广郡的郡治，笃信佛教的太守李嶷听说法显是到西方取经的名僧，便将法显接到不其城内讲经说法，并在其登岸之处创建了石佛寺（即潮海院）。从此，佛教在崂山声名大振，广为传播。嗣后，崂山相继建起了石竹庵（后改名慧炬院）和狮莲院（俗称城阳寺）。北魏时法海寺的创建，标志着崂山佛教已初具规模。

隋唐两代，佛道并重，隋代重建即墨县于今址后，狮莲院、荆沟院和慧炬院等著名寺院得以重修，规模更加宏伟，香火日渐旺盛。唐代，僧人普丰由四川峨眉山来到崂山，在今王哥庄镇大桥村东修建了大悲阁（后改称峡口庙），其后又在铁骑山东修了一座分院，名为林花庵，后又在峡口庙东2.5km的东台村建了另一座分院，名为普济寺。崂山巨峰之南还建有白云庵。宋、元两代，佛道两教一直和睦相处。明万历十一年（1583年），明代四大高僧之一的憨山和尚来到崂山，于万历十三年起在崂山太清宫三清殿前耗巨资修建了气势恢宏的海印寺，后因与太清宫道士发生纠纷，进士出身的道人耿义兰进京告御状，万历二十八年（1600年）朝廷降旨毁寺复宫，憨山亦被远戍雷州。崂山佛教虽遭此打击，但并未一蹶不振，桂峰、自华及慈沾等著名僧人仍在崂山进行了许多佛事活动，加之当地乡宦士绅的支持，崂山的佛教仍有所发展。据粗略统计，明、清两代创建的寺院有20余处，其中最有影响的是清顺治九年创建的华严寺。这座寺院规模宏伟，名声远播，藏有清雍正年间刊印的《大藏经》一部，还有元代手抄本的《册府元龟》。直到清末民初，华严寺与有着1500多年历史的石佛寺、法海寺仍被称为崂山佛教的三大寺院。民国时期，崂山佛教每况愈下，逐渐衰落。

新中国成立后，崂山的僧人在国家民族宗教政策的引导下，积极参加了各项爱国活动。"文化大革命"中，各寺院的神像被砸毁，经卷、文物被焚烧，僧尼被遣散，大殿被封闭。但也有些宗教文物受到了群众的保护。十一届三中全会后，党的宗教政策得到了进一步落实。对于"文化大革命"中被遣送的僧14人、尼7人，国家均落实了政策，并妥善安排了他们的生活。1985年青岛市成立了佛教协会筹委会，政府还拨专款修复了崂山华严寺和法海寺，并将这两座寺院列为青岛市文物保护单位。

（3）崂山民俗与非物质文化遗产

崂山偏处海隅，这里民风古朴淳厚，民俗风情以热情豪放、滨海风情为突出特点，创造了众多非物质文化遗产。其中，入选国家级非物质文化遗产名录的有3项：崂山民间故事、崂山道教音乐、螳螂拳；省级4项：崂山民间故事、崂山道教音乐、螳螂拳、崂山道教武术；市级9项：崂山民间故事、崂山道教音乐、螳螂拳、沟崖高跷、沙子口庙会、崂山道教武术、崂山九水梅花长拳、孙家下庄舞龙、崂山鲅鱼礼；区级35项：崂山民间故事、崂山道教音乐、螳螂拳、沟崖高跷、沙子口庙会、崂山道教武术、崂山九水梅花长拳、孙家下庄舞龙、崂山鲅鱼礼、青岛海洋民间故事、石老人的传说、东韩舞狮、崂山大秧歌、崂山柳腔、崂山面塑、枯桃花卉种植技艺、北宅樱桃种植技艺、崂山耐冬种植技艺、崂山茶种植炮制技艺、华严寺庙会、午山庙会、大士寺庙会、崂山茶道、崂山剪纸、二龙山传说故事、浮山传说故事、采石劳动号子、五龙舞龙、跑灯官、王哥庄海蜇加工技艺、崂山山羊奶豆腐加工制作技艺、华楼宫庙会、地功拳、港东妈祖庙会、玉清宫庙会。

第二章

崂山区古树名木概况

古树名木包括两类。一是古树，指树龄在100年以上的树木；二为名木，树龄不受限制，指下列树木：①树种珍贵、稀有，②具有重要历史价值或纪念意义，③具有重要科研价值。古树的分级在不同时期、不同部门或按不同要求并不完全一致。全国绿化委员会、国家林业局2001年下发了"关于开展古树名木普查建档工作的通知"，其中古树名木的分级及标准为：古树分为国家一、二、三级，国家一级古树树龄500年以上，国家二级古树300～499年，国家三级古树100～299年；国家级名木不受年龄限制，不分级。本书即采用了这一分类标准。

一　崂山区古树名木资源现状

崂山区古树名木主要分布在崂山区农村社区及崂山风景名胜区，这些古树名木或是印证了崂山地区道教与佛教发展的轨迹，或是见证了崂山地区村落发展的历史，具有珍贵的历史价值。

1. 崂山区古树名木种类及数量

（1）崂山风景名胜区古树名木种类及数量

据调查统计，崂山风景名胜区的古树共计23科31属36种（见表2-1）。有银杏科、松科、柏科、棕榈科、胡桃科、壳斗科、榆科、芍药科、木兰科、蜡梅科、樟科、蔷薇科、豆科、大戟科、黄杨科、漆树科、鼠李科、山茶科、千屈菜科、石榴科、五加科、木犀科和紫葳科。其中以银杏、楸树、栓皮栎和黄杨4种为主，共111株，占崂山风景名胜区古树总数量的49.33%。

表2-1　崂山风景名胜区古树名木种类及数量

中文名	拉丁名	科	一级古树（株）	二级古树（株）	三级古树（株）	国家级名木（株）	总数（株）
银杏	*Ginkgo biloba*	银杏科	40	8	10		58
赤松	*Pinus densiflora*	松科		2	2		4
侧柏	*Platycladus orientalis*	柏科	2		2		4
圆柏	*Sabina chinensis*	柏科	3		2		5
棕榈	*Trachycarpus fortunei*	棕榈科				1	1
枫杨	*Pterocarya stenoptera*	胡桃科			1		1

（续表）

中文名	拉丁名	科	一级古树（株）	二级古树（株）	三级古树（株）	国家级名木（株）	总数（株）
麻栎	*Quercus acutissima*	壳斗科			1		1
栓皮栎	*Quercus variabilis*	壳斗科		1	14		15
板栗	*Castanea mollissima*	壳斗科			1		1
朴树	*Celtis sinensis*	榆科	1	1	5		7
黑弹树	*Celtis bungeana*	榆科		1	2		3
糙叶树	*Aphananthe aspera*	榆科	1		1		2
牡丹	*Paeonia suffruticosa*	芍药科				1	1
玉兰	*Magnolia denudata*	木兰科			6	1	7
荷花玉兰	*Magnolia grandiflora*	木兰科				1	1
天女花	*Oyama sieboldii*	木兰科			1		1
紫玉兰	*Magnolia liliflora*	木兰科			3		3
蜡梅	*Chimonanthus praecox*	蜡梅科				1	1
红楠	*Machilus thunbergii*	樟科				2	2
杏	*Armeniaca vulgaris*	蔷薇科			2		2
木瓜	*Chaenomeles sinensis*	蔷薇科			8		8
皱皮木瓜	*Chaenomeles speciosa*	蔷薇科			1		1
槐	*Sophora japonica*	豆科			4		4
乌桕	*Sapium sebiferum*	大戟科			1		1
黄杨	*Buxus sinica*	黄杨科	6		9		15
黄连木	*Pistacia chinensis*	漆树科		5	9		14
北枳椇	*Hovenia dulcis*	鼠李科			1		1
山茶	*Camellia japonica*	山茶科		6	2		8
紫薇	*Lagerstroemia indica*	千屈菜科	1	1	4	1	7
石榴	*Punica granatum*	石榴科			5		5
刺楸	*Kalopanax septemlobus*	五加科			2		2
流苏树	*Chionanthus retusus*	木犀科		1	8		9
紫丁香	*Syringa oblata*	木犀科			1		1
桂花	*Osmanthus fragrans*	木犀科			4	1	5
楸	*Catalpa bungei*	紫葳科			23		23
凌霄	*Campsis grandiflora*	紫葳科			1		1
合计			54	26	136	9	225

（2）崂山区农村社区古树名木种类及数量

据调查统计，崂山区农村社区古树共计14科16属17种（见表2-2），分布于银杏科、松科、柏科、胡桃科、榆科、蔷薇科、豆科、芸香科、槭树科、山茶科、千屈菜科、石榴科、柿树科和紫葳科。其中以银杏、侧柏、圆柏和枫杨为主，共41株，占崂山区农村社区古树总数量的63.08%。

表2-2　崂山区农村社区古树名木种类及数量

中文名	拉丁名	科	一级古树（株）	二级古树（株）	三级古树（株）	总数（株）
银杏	*Ginkgo biloba*	银杏科	10	2	4	16
白皮松	*Pinus bungeana*	松科		1		1
侧柏	*Platycladus orientalis*	柏科			7	7
圆柏	*Sabina chinensis*	柏科	1	3	7	11
枫杨	*Pterocarya stenoptera*	胡桃科			7	7
朴树	*Celtis sinensis*	榆科		2	1	3
樱桃	*Cerasus pseudocerasus*	蔷薇科			1	1
木瓜	*Chaenomeles sinensis*	蔷薇科		1		1
槐	*Sophora japonica*	豆科	3	2	1	6
臭檀吴萸	*Evodia daniellii*	芸香科			1	1
三角槭	*Acer buergerianum*	槭树科			1	1
元宝槭	*Acer truncatum*	槭树科			1	1
山茶	*Camellia japonica*	山茶科		3	2	5
紫薇	*Lagerstroemia indica*	千屈菜科			1	1
石榴	*Punica granatum*	石榴科			1	1
君迁子	*Diospyros lotus*	柿树科			1	1
楸	*Catalpa bungei*	紫葳科			1	1
合计			14	14	37	65

（3）崂山区古树总体分布情况

对青岛市崂山风景名胜区及崂山区沙子口、王哥庄、北宅3个街道办事处的109个农村社区的古树名木的全面调查结果显示青岛市崂山区（不含中韩街道，下同）现有古树名木290株。其中国家一级古树68株，占崂山区古树名木总数的23.45%；国家二级古树40株，占崂山区古树名木总数的13.79%；国家三级古树173株，占崂山区古树名木总数的59.66%；国家级名木9株，占崂山区古树名木总数的3.1%（见表2-3）。

崂山区国家三级古树的比例相对较大，国家一级古树次之，二级古树的比例相对较小。其中，一级古树中银杏数量最多，共50株，占一级古树总数的73.53%；二级古树中仍是银杏数量最多，共10株，占二级古树总数的25%；三级古树中楸树数量最多，共24株，占三级古树总数的13.87%。树龄千年以上的古树名木共有20株，其中15株是银杏，其余为3株圆柏、1株糙叶树、1株槐；树龄最大的是位于太清宫的2株圆柏，树龄2110年。

表2-3　崂山区古树名木数量统计表

	数量（株）	占总古树名木的比例（%）
国家一级古树	68	23.45
国家二级古树	40	13.79
国家三级古树	173	59.66
国家级名木	9	3.10
合计	290	100.00

就科属分布而言，青岛市崂山区的古树共计26科35属42种（见表2-4）。分别属银杏科、松科、柏科、棕榈科、胡桃科、壳斗科、榆科、芍药科、木兰科、蜡梅科、樟科、蔷薇科、豆科、芸香科、大戟科、黄杨科、漆树科、槭树科、鼠李科、山茶科、千屈菜科、石榴科、五加科、柿树科、木犀科、紫葳科等。42种古树名木中以银杏、楸、栓皮栎、黄杨、侧柏、圆柏、山茶、黄连木为主，共182株；这8种古树占崂山区古树总数量的62.76%。

表2-4　崂山区古树名木种类及数量

中文名	拉丁名	科	一级古树（株）	二级古树（株）	三级古树（株）	国家级名木（株）	总数（株）
银杏	*Ginkgo biloba*	银杏科	50	10	14		74
白皮松	*Pinus bungeana*	松科		1			1
赤松	*Pinus densiflora*	松科		2	2		4
侧柏	*Platycladus orientalis*	柏科	2		9		11
圆柏	*Sabina chinensis*	柏科	4	3	9		16
棕榈	*Trachycarpus fortunei*	棕榈科				1	1

（续表）

中文名	拉丁名	科	一级古树（株）	二级古树（株）	三级古树（株）	国家级名木（株）	总数（株）
枫杨	*Pterocarya stenoptera*	胡桃科			8		8
麻栎	*Quercus acutissima*	壳斗科			1		1
栓皮栎	*Quercus variabilis*	壳斗科		1	14		15
板栗	*Castanea mollissima*	壳斗科			1		1
朴树	*Celtis sinensis*	榆科	1	3	6		10
黑弹树	*Celtis bungeana*	榆科		1	2		3
糙叶树	*Aphananthe aspera*	榆科	1		1		2
牡丹	*Paeonia suffruticosa*	芍药科				1	1
玉兰	*Magnolia denudata*	木兰科			6	1	7
荷花玉兰	*Magnolia grandiflora*	木兰科				1	1
天女花	*Oyama sieboldii*	木兰科			1		1
紫玉兰	*Magnolia liliflora*	木兰科			3		3
蜡梅	*Chimonanthus praecox*	蜡梅科				1	1
红楠	*Machilus thunbergii*	樟科				2	2
杏	*Armeniaca vulgaris*	蔷薇科			2		2
木瓜	*Chaenomeles sinensis*	蔷薇科		1	8		9
皱皮木瓜	*Chaenomeles speciosa*	蔷薇科			1		1
樱桃	*Cerasus pseudocerasus*	蔷薇科			1		1
槐	*Sophora japonica*	豆科	3	2	5		10
臭檀吴萸	*Evodia daniellii*	芸香科			1		1
乌桕	*Sapium sebiferum*	大戟科			1		1
黄杨	*Buxus sinica*	黄杨科	6		9		15
黄连木	*Pistacia chinensis*	漆树科		5	9		14
三角槭	*Acer buergerianum*	槭树科			1		1
元宝槭	*Acer truncatum*	槭树科			1		1
北枳椇	*Hovenia dulcis*	鼠李科			1		1
山茶	*Camellia japonica*	山茶科		9	4		13
紫薇	*Lagerstroemia indica*	千屈菜科	1	1	5	1	8
石榴	*Punica granatum*	石榴科			6		6
刺楸	*Kalopanax septemlobus*	五加科			2		2

（续表）

中文名	拉丁名	科	一级古树（株）	二级古树（株）	三级古树（株）	国家级名木（株）	总数（株）
君迁子	*Diospyros lotus*	柿树科			1		1
流苏树	*Chionanthus retusus*	木犀科		1	8		9
紫丁香	*Syringa oblata*	木犀科			1		1
桂花(木犀)	*Osmanthus fragrans*	木犀科			4	1	5
楸	*Catalpa bungei*	紫葳科			24		24
凌霄	*Campsis grandiflora*	紫葳科			1		1
合计			68	40	173	9	290

将崂山风景名胜区与崂山区农村社区的古树名木进行对比。首先在数量上，崂山风景名胜区的古树名木数量远多于农村社区，这主要是由于农村社区古树受到人居活动的影响更大，在历史上受保护的程度远不及风景名胜区内处于僧人道士保护下的古树。其次在种类上，风景名胜区内的古树有23科31属36种，而农村社区古树仅有14科16属17种，前者约为后者的两倍。最后在景观效果上，风景名胜区古树多具有极高观赏价值，且与周围环境相得益彰，甚至形成环境主景，而农村社区古树周围环境多需整治，古树景观特色相对不突出。

2. 崂山区古树名木分布

崂山区古树名木的77.59%共计225株分布于崂山风景名胜区内（见表2-5）。其中国家一级古树共有54株，占崂山区国家一级古树总数的79.41%；国家二级古树有26株，占总数的65%；国家三级古树有136株，占总数的78.61%。风景名胜区内古树树种以银杏、楸、栓皮栎、黄杨、黄连木和山茶等居多。其中银杏最多，共有58株，占风景名胜区古树名木总数的25.78%；楸树23株，占10.22%；栓皮栎15株，占6.67%。另外，还有棕榈、蜡梅、荷花玉兰等名木。

表2-5　崂山区古树名木分布

	崂山区农村社区	崂山风景名胜区
古树名木数量（株）	65	225
占崂山区古树名木百分比（%）	22.41	77.59

古树在各农村社区的分布也不均匀。王哥庄街道的古树分布数量最多，有8科9属9

种共29株，占崂山区农村社区古树名木总数的44.62%；北宅街道的古树有7科7属7种共17株，占26.15%；沙子口街道的古树有5科5属5种共19株，占29.23%（见表2-6）。

表2-6 崂山区农村社区古树名木分布情况

	王哥庄街道	北宅街道	沙子口街道
古树数量（株）	29	17	19
占崂山区农村社区古树百分比（%）	44.62	26.15	29.23

3. 崂山区古树名木生长状况

崂山区古树名木生长状况较好，其中生长旺盛的213株，占崂山区古树名木总数的73.45%；生长状态一般的37株，占12.76%；生长状态较差的31株，占10.69%；濒死的9株，占3.1%。树高集中在10～20m的古树相对较多，共134株，占总数的46.21%，最高的古树为太清宫三官殿前的两株银杏，高达30m，胸径以30～60cm最多，为104株。其中胸径最大的达273.9cm，是位于王哥庄街道屯山村幼儿园的已有1000年树龄的银杏。冠径大于20m的仅有23株，多数集中在20m以下，占总数的92.07%。崂山区古树名木生长情况见表2-7。虽然崂山区古树名木整体生长状况较好，但随着长期的生长繁衍，有些古树已出现断梢、枯顶、中空现象，加之人为破坏、自然灾害，部分已开始衰老，亟待保护。

表2-7 崂山区古树名木生长情况

树高分级（m）	数量（株）	胸径（cm）	数量（株）	冠幅分级（cm）	数量（株）	生长势分级	数量（株）
[30, +∞)	2	[90, +∞)	60	[30, +∞)	1	旺盛	213
[20, 30)	53	[60, 90)	87	[20, 30)	22	一般	37
[10, 20)	134	[30, 60)	104	[10, 20)	135	较差	31
(0, 10)	101	(0, 30)	39	(0, 10)	132	濒死	9

二 崂山区古树名木形成原因

崂山区特殊的地理环境、多样的气候、悠久的历史文化，使其成为古树名木云集之处。嵯峨年迈的古树散布于道观园林、寺庙园林及农村聚落当中，与古朴厚重的建筑一起，向我们倾诉崂山千年的历史。凡古树名木都有百年以上的树龄，能在如此长的时间内保持生命，大都有其独特之处，或用于社稷，或因宗教信仰、风水等。

1. 优越的自然条件

崂山地形复杂，植被茂密，植物种类繁多。很多自然野生植物，起初并不被人注意，它们长到一定规模后才引起人们的关注，被鉴定为古树。这类古树占崂山区古树数量的10%，比如栓皮栎等。同时，崂山多变的小气候环境也为一些原本并未分布于此，而是引种而来的植物提供了良好的生存环境。如太清宫所处区域，号称"小江南"，棕榈、乌桕等南方树种均在此生长良好。

2. 崂山多寺观，寺观多古树

崂山是道教发祥地之一。早自春秋时期起，崂山便方士云集，吴王夫差曾登崂山寻"灵宝度人经"。崂山道教自西汉张廉夫搭茅庵供奉三官奠定基础以来，经宋代发展，鼎盛于元明，至清代而不衰。在崂山道教文化不断发展的过程中，道观园林也日趋丰富。同时，佛教虽未像道教那般繁荣，但也对崂山影响深远。据《崂山县志》记载，青岛地区最早的佛寺为崂山的崇佛寺，距今已有1700多年的历史。后来石佛寺（即栲栳岛之潮海院）、石竹庵（后改名慧炬院）、狮莲院（俗称城阳寺）、法海寺、荆沟院、峡口庙、林花庵、普济寺等也相继建造，宗教活动兴盛。

"天下名山僧占多"，无论是佛教还是道教，都称其修行的场所为"丛林"。明清以来，崂山太清宫又有"道教全真天下第二丛林"之称。丛林不仅仅只是寺观的代称，其建置周围往往有大面积的山林，把寺观园林与喧嚣的尘世隔绝开来，形成适合修行的宁静自然的宗教氛围，这些山林常作为庙产，得到妥善保护。莱州府护持庙林碑文中有："……为禁止骚扰以安香火事：照得崂山为东郡名胜之区，树木尤关风水，庙地乃僧道衣食之本，官差岂可常摊……嗣后凡有山场，经僧道完纳国课者，该处所有树木，应归本庙管理，官民不得势压擅伐。该僧道亦互相觉察，凡有不肖僧道人民，欲私行烧卖，许即禀官究治。如本庙应加修葺，需用材木，亦共同察明，方准砍伐，如违重处……"此碑于乾隆四十八年（1783年）立，曾置放在崂山明道观内，现已不存。

同时，崂山的庙宇多选择山清水秀、阳光充足、空气流畅及气候温暖的地方，这样的环境不但有利于僧道们的修身养性，同时也为植物的生长提供了良好的立地条件。而且由于人们对宗教的信仰，使得寺庙周围的树木神化而免遭破坏，历代相传。

在不少庙宇中，古树与该庙宇历史上出现过的著名宗教人物有关，后人出于对这些名人的崇敬和仰慕，对他们亲手栽植的树木备加爱护，因此这类古树名木因未受人为伤害，寿命得以延长。如太清宫的汉柏凌霄，树龄2110余年，为西汉建元元年张廉夫在初创太清宫时亲手所植。

崂山寺观中古树名木数量较大，共计203株，约占崂山区古树名木总数的70%。著名的如太清宫"汉柏凌霄"、"唐榆形龙"、宋朝银杏、"绛雪"山茶、810年的黄杨，上清宫的"独木成林"、"凤凰涅槃"，华严寺的"群柞明志"，以及太平宫的"华盖迎宾"等。建于清顺治九年的华严寺是崂山最具规模的佛寺之一，也是古树名木比较集中的区域，共有古树29株，其中有崂山为数不多的古树群——栓皮栎林。

崂山寺观园林中的古树名木不仅数量较大，而且具有种类多的特点。一方面，寺观园林习惯性地选择具有特殊宗教含义的树种大量种植。在崂山寺观古树之中，数量最多的为银杏。佛家用银杏木雕刻佛像，各地千手佛皆以银杏木雕成，故有佛指甲之称；同时银杏树姿雄伟、树干苍劲挺拔，金黄色的秋叶给寺观增添了强烈的宗教气氛。另一方面，无论是道士还是僧人，都有云游习惯，这在很大程度上促进了各地树木花卉品种的交流，对珍贵、稀有品种的传播起到了积极的推动作用。如崂山太清宫和明霞洞4株逾700年的黄杨，上清宫树龄200余年的桂花，及20世纪初死亡的上清宫300年的牡丹，21世纪初死亡的太清宫"白边飞朱砂绿萼梅"等。

3. 树木崇拜

森林作为早期人类的摇篮，树木便自然而然地被作为某一族群的图腾。在万物有灵的观念支配下，一些树木、花草被赋予了某种灵性与神力，人们认为在深井、老树之中，往往有神灵寄焉。在崂山的许多村落的村头或者村落的中心处，常有古树种植，其中以槐树和银杏最为常见。这些高大茂盛、粗壮古老、形状怪异的树，更是带有某种神秘色彩，常被村民崇拜、敬祀。

按古代习惯，祭社之处必植树。《初学记》卷十三引《尚书·无逸》："大社惟松，东社惟柏，南社惟梓，西社惟栗，北社为槐"，"社稷所以有树何？尊而识之，使人民望见师敬之，又所以表功也。"以树木为神灵并赋予它以祖先社稷意义，不只我国古代如此，现代人亦如此。在人们心中，作为自然物的树已成为社会化和宗教化的树，只不过随着历史的变迁和文化的多元发展，古时的拜树和今日的拜树的文化内涵已然不同，其宗教色彩越来越淡，而情感色彩则愈来愈浓。但树木图腾崇拜是我国历代长盛不衰的一种民间风习，已经潜移默化，世代相传。"乡中有多年之乔木，与乡运有关，不可擅伐"。作为村落象征的古树往往受到全村人的照顾和保护，如东台村的"槐庆德"。

传统民俗中认为植物常有趋吉化煞之用，常通过在建筑环境中植"风水树"或

"风水林"来聚气，并且反对伐树。虽然某些风水学的表现形式有很多不科学的成分，但本质上来看是以朴素生态学为核心的关于营造理想人居环境的思想。不同的植物被赋予了不同的含义，如"中门有槐富贵三世，宅后有榆百鬼不近"，"宅东有杏凶，宅北有李、宅西有桃皆为淫邪"等。看似无稽之谈，实际上都有一定的科学道理，符合树种的生物学和生态学特性，又满足了改善村落和居宅小气候以及满足观赏的要求，还给人以积极的吉祥寓意。在村居周围的古树多属于此类。

另外，中国自汉代以来就流传着一种风俗，即在坟地上种植树木以安慰死者的灵魂。在民间土葬时，在已故人的坟上总是要种上一棵树，或插上一节树枝，称为"引魂幡"。因为树是有生命的，人们以为这样可以引魂上天。坟地上树木的枯荣，反映着地下亡灵的安否。所以，毁坏他人坟地的树木是极为忌讳的。因此在村落的坟墓周围，常有古树生长，成为某家族的风水林或风水树，并把风水林木长势的好坏与家族命运的好坏结合在一起。对风水林的关照和保护发展在自然和情理之中，并被赋予了特定的宗教意义和迷信色彩。在文明程度不高的古代人看来，这种带有神秘性和迷信色彩的约束力比世俗的约束力更为有效。这从一定程度上也提高了人们对古树名木的保护程度，如王哥庄晓望村的侧柏林即属于此种类型。

三　崂山区古树名木的特点

崂山区古树名木的特点可以用四个字来总结：古、名、奇、密。

1. 历史久远

据2013年的调查，崂山区现有古树名木290株，其中国家一级古树68株，占崂山区古树名木总数的23.45%。树龄最大者为2110年，是位于太清宫三皇殿的"汉柏凌霄"以及太清宫南门外与之同岁的圆柏。

2. 闻名遐迩

古树名木有着悠久的历史，承载了许多由名人、文化、历史传说积淀而成的深厚底蕴。崂山古树中有蒲松龄笔下的红衣美人"绛雪"，因为一则"香玉"的聊斋故事而被众多国人熟知；东台村的"槐庆德"，因为古树托梦的传说而披上了神秘的传奇色彩。

3. 外来树种众多

这里外来树种是指从外地（主要是从南方或国外）引进的，在青岛相对罕见的古树名木。崂山地处亚热带与暖温带的过渡带，其背山环海的小环境为许多难以在北方生存的植物提供了良好的庇护地，这些外来植物具有极高的科研和观赏价值，如太清宫的糙叶树、乌桕和棕榈等。

4. 分布相对集中

在崂山的古树名木分布区中，有几个相对集中的区域，如崂山太清宫（见图2-1），在不大的面积内有107株古树名木；华严寺有29株古树。这为点线面结合开发古树名木旅游提供了优良的条件。

图2-1　太清宫古树名木GPS图

四　崂山文化与古树名木

1. 名人与古树

（1）张廉夫与太清宫圆柏

张廉夫，字静如，江西省瑞州府高安县人，生于西汉文帝九年庚午七月初十。于汉景帝中元二年癸巳（公元前147年）参加科举，文学茂才一等，官至上大夫，时年22岁。后因得罪权要，弃职精研玄学，入终南山数载，并遨游天涯。张廉夫于西汉武帝建元元年（公元前140年）来到崂山现太清宫游览区。在这里，张廉夫率众弟子相继建起了"三官庵"和"三清殿"，为崂山地区人工建造的首座道教庙宇。因此，崂山道士尊称他为"开山始祖"。在建设庙宇的同时，他们栽植各种树木，成为崂山地区有史可考的人工植树开创者。他所亲植的两株圆柏至今生长状况良好，为崂山古树年龄之冠。1979年邓小平游览崂山时，仰观圆柏树冠遮天蔽日，拍拍树干说："这个地方很好，单凭这么几棵大的古树，就可招引很多人，有条件安排开放，发展旅游业。崂山要把牌子打出去，就要充分利用自己的优势。"

（2）李哲玄与"龙头榆"

李哲玄，字静修，号守中子，唐代河南道陈留县（今河南省兰考县）人。李哲玄生于唐代大中元年（847年）二月二十七日，幼年聪敏异常，诵读不忘，15岁场试中选，旋登进士第。"性好清淡，无意仕途，喜阅道书，厌世弃俗，遂云游四方，访求至道，多年未遇，不懈初志，迨遇罗浮道士，随其入罗浮山，潜修多年，得其玄妙"。唐天祐元年（904年），李哲玄东游海岛至崂山，与张道冲、郑道坤、李志云、王志诚诸公相投契，遂留居崂山，在今太清宫处筑茅庐，名"三皇庵"，供奉三皇神像，居此养真修道。

"摸摸老龙头，一世永无愁；摸摸老龙尾，做事有头有尾；摸摸老龙背，长命到百岁。"走到太清宫的"逢仙桥"旁，导游总是会以这样的开场白来介绍这棵1100多岁的糙叶树，因其树形特别，犹似龙头，被人们称为"龙头榆"。而据记载此树正是李哲玄亲手所植。

（3）张三丰与耐冬（山茶）

张三丰，其姓名、籍贯及生年记载不一。大多记其为辽阳懿州人，生于南宋淳祐七年（1247年）。张三丰行游四方，无固定居所。1277年，张三丰第一次来到崂山，在明霞洞后山的洞中修行10多年，继而西行和南游。1334年，张三丰第二次来到崂山，先后修行于太清宫前驱虎庵、明霞洞等处，完成了道家内功高级阶段的修行。两年后，他再次离开崂山云游各地。1404年，张三丰第三次来到崂山，在三标山下埋名隐居。他经常独自乘筏来往于沿海诸岛采药，将长门岩岛上的耐冬（山茶）移植于崂山各道教庙宇。现太清宫三官殿院内的耐冬就是他那时所移植的，已有600多年的历史。自张三丰之后，崂山各宫观大兴栽植名花真卉之风。

（4）蓝田与上清宫白牡丹

蓝田，字玉甫，号北泉，即墨人。明、清两朝，即墨有"周黄蓝杨郭"五大家族，其中明代父子进士蓝章、蓝田在华楼山建"华楼书院"，蓝章自号"大崂山人"，蓝田则以崂山为家，写下"前山后山红叶多，东涧西涧白云过。红叶白云迷远近，云叶缺处山嵯峨"等200余篇佳作名句。蓝田一生著述不少，有《北泉文集》、《东归昌和》、《白斋表话随笔》、《续笔》等诗文集。蒋瑞藻《小说考证》卷七《崂山丛拾》（节录）载："上清宫之北，有洞曰烟霞洞，为刘仙姑修真处。仙姑之史不可考。洞前一白牡丹，巨逾罔抱，数百年物也。相传前明蓝侍郎者游其地，见花而悦之，拟移植园中，而未言也。是夜，道人梦一白衣女子来别曰：'余今当暂别此，至某年月日再来。'及明，蓝宦遣人持束来取此花。道人异之，志梦中年月于壁。至期，道人又梦女子来曰：'余今归矣。'晓起趋视，则旧植花处，果含苞怒发。亟奔告蓝，趋园中视之，则所移植者，果槁死云。洞前花至今犹存，此则近于齐东野语矣。"此间蓝侍郎所指即为蓝田。

（5）于七与栓皮栎

于七，本名乐吾，山东栖霞唐家泊村人，家世殷富，是邑中大户，祖父经商，父亲当过明末防抚铺兵。于七上过几年学，14岁拜师习武，崇祯二年（1629年）考取武秀才，次年又中武举。他为人正义和气，时常为乡亲排解纠纷。顺治五年（1648年），于七在董樵等有识之士协助下，发动了大规模的反清起义。他们以淘金工人为骨干，广泛发动农民，联络海岛渔民，在胶东锯齿牙山建据点，竖义旗，反清抗暴。起义失败后为避难便到华严寺出家当和尚，先得法名通澈，受戒时又获法号善河。华严寺周边柞树成林，枝干粗壮傲岸，相传乃是于七等人手植。在胶东方言中，"柞"

与"造反"之"造"（zuo）同音，可谓喻志之树。

（6）蒲松龄与耐冬（山茶）

蒲松龄，字留山，号柳仙，别号柳泉居士。山东省淄川人，代表作为《聊斋志异》，其中收有491篇短篇小说。蒲松龄一生曾两次到崂山，在许多地方留下足迹。1673年他到崂山太清宫，并在此度过了一段时间的创作生活。《香玉》、《崂山道士》是蒲松龄为崂山留下的不朽篇章。《聊斋志异·香玉》中提到的耐冬（山茶）及其变幻的仙女绛雪，对八方游客具有强烈的吸引力。此外，蒲松龄还留下了吟咏崂山白云洞和观海市的诗作，都十分珍贵。

西江月·崂山太清宫
［清］蒲松龄

独坐松林深处，遥望夕阳归舟。

激浪阵阵打滩头，惊醉烟波钓叟。

苍松遮蔽古洞，白云霭岫山幽。

逍遥竹毫拿在手，描写幻变苍狗。

2. 农耕文化与古树

崂山地区的农业用地位于崂山周边，由于地势以山地为主，所以当地主要以山地农业为主，栽植各类果树和花木。清代张谦宜在其《崂山赋》中写道："媚阳崖兮落缤纷，艳阴峒兮香幽绝。逮乎土脉春融，泉液夏交，则有稻秫之利，果树之饶。文松、云梓、刚柏、芳椒、凤梨、海枣、苦蜜、冰膏、栗乙枚而覆斗，榛百颗以含苞。来禽楂奈，薯蓣葡萄。又以百药之荍，万蔬之苗。"古树名木中的各类果树和人工栽植的花木也反映了崂山农业的这一特点。在崂山区非物质文化遗产当中，有枯桃花卉种植技艺和北宅樱桃种植技艺作为代表。

枯桃村有500年养花历史，享有青岛"百年花村"的美誉。枯桃村花卉品种丰富，耐冬（山茶）和桂花是其中最具特色的种类，可反映青岛的花木栽植文化。在崂山果树古木中有杏、樱桃、板栗、木瓜和君迁子等多种果树，但与寺庙及村落中的其他古树相比，古果树受到的重视远远不够，开发利用也在起步中。事实上，与其他古树名木相比，古果树不仅具有古树所具有的历史文化价值、特殊景观效果、科学研究价值，还具有普通古树所没有的价值。首先，古果树大多具有生产价值。其次，古果树往往具有优良性状，是珍贵的育种资源，如北宅有3株树龄300年以上的古樱桃树，果大味甜，非常适合用来做育种。因此，古果树不仅应该得到保护，而且应该受到格外的重视，获得更多的关注。

北宅是青岛市著名的小水果之乡，樱桃种植历史悠久，品种资源丰富。每年4～5月，大片的樱桃渐次成熟，此时的北宅古井石屋，枕石漱流，野趣无限，游客不仅可以到樱桃园内采摘樱桃，还可品尝到美味而独具特色的农家宴。北宅樱桃节1996年举办第一届，现在已经成为青岛市的名牌旅游观光产业。2005年5月16日崂山区北宅街道被中国地区开发促进会命名为"中国樱桃之乡"。

3. 市花与古树

（1）耐冬（山茶）的栽培历史

耐冬，中文学名山茶，拉丁名 *Camellia japonica*，又名茶花、玉茗、海石榴、茶梅和曼陀罗花，山茶科山茶属的常绿阔叶灌木或小乔木。枝条黄褐色，小枝呈绿色、绿紫色至紫色、紫褐色。叶片革质，互生，椭圆形、长椭圆形、卵形至倒卵形，长4～10cm，先端渐尖或急尖，边缘有锯齿，叶片正面为深绿色，多数有光泽，背面较淡，叶片光滑无毛；叶柄粗短，有柔毛或无毛。花单生或2～3朵着生于枝梢顶端或叶腋间；花单瓣、半重瓣或重瓣；花梗极短或不明显；苞萼9～13片，覆瓦状排列，被茸毛；花瓣5～7片，呈1～2轮覆瓦状排列；花朵直径5～6cm，大红色；花瓣先端有凹或缺口，基部连生成一体而呈筒状；雄蕊发达，多达100余枚；花丝白色或有红晕，基部连生成筒状，聚集花心；花药金黄色；雌蕊发育正常；子房3～4室。蒴果圆形，外壳木质化，成熟蒴果从背缝开裂，散出种子。

耐冬自然分布于长江流域及其以南地区，崂山沿海岛屿为中国山茶属植物自然分布的北界，因此崂山的耐冬有着重要的科研价值。千里岩、大管岛、小管岛、长门岩岛等这些岛屿都有野生耐冬分布，同时青岛各地也多有栽植。目前，长门岩岛的耐冬是亚洲地区在海岛露地生长的树龄最长、数量最多的野生耐冬种群。现在耐冬古树有495株，树龄多在100年以上，最大一株耐冬胸径55cm，树龄800年。

耐冬在明代中期首先由崂山道士引植入崂山，后繁殖于崂山各道教庙殿院内。清代作家蒲松龄客居崂山时，曾以上清宫内的牡丹和太清宫中的耐冬为题材，写下《聊斋志异·香玉》篇，创作出了红裳仙女——绛雪花仙。崂山太清宫现有耐冬古树5株，3株树龄410年，一株370年，一株270年。最大者即《聊斋志异》中的"绛雪"，树高10m，胸径44.56cm。

明清时代，崂山地区渔民也在庭院中广泛栽植耐冬，一是为观赏及美化庭院，二是渔民常年在海上捕鱼，将耐冬视为神树神花，是吉利、平安、发财的象征，以此花来招财进宝、保佑平安、步步高升。农村中耐冬的种植有阴生面和阳生面之说。崂山农村房屋都有前后院，前院一般宽10m左右，后院一般宽1～2m，长在前院的耐冬为阳面生，长在后院的为阴面生。就长势来说，阴面要好于阳面，这是因为后院保湿性好，又因为耐冬性喜阴。就移栽来说，阳面要好于阴面，阳面的移栽后缓苗快，长势受移栽的影响小，成活率较高；阴面的移栽是道坎儿，一是移栽后的成活率低，二是缓苗慢，移栽成活后至少三五年时间生长停滞。

随着花卉业的兴起，耐冬也越来越多地被人们所喜爱。20世纪80年代，青岛城市园林绿化开始应用耐冬，青岛植物园首先大批繁殖，各新建公共绿地、专用绿地中多有栽培，结束了青岛市冬季露地无花的历史。因为有地域和群众文化基础，耐冬在1988年3月9日～12日的青岛市人民代表大会上被评选为市花。

（2）耐冬（山茶）的花文化

耐冬分布在胶东沿海岛屿，在《增修胶志》、《胶州志》、《即墨县志》、《灵山卫志》、《密州府志》、《荣成县志》等史书中多有记载。尤以《灵山卫志》记载最详："薛家岛东为陈家岛，陈家岛东有封山（俗名风火山）。封山之下则海焉。其南有竹槎岛在海中。其东南海中有岛形如覆釜，为鼓子洋。遍山皆耐冬花，有色白者一株，大可盈把，生于峭壁巉岩之上，下临无际。花开时，又如琼宫雪塔，远望数里。然，岸陡水急，奔腾澎湃，舟不能近，好事者多方构之，终不获。"《胡氏世说》云："灵山东北海中有鼓子洋。岛上有白耐冬花，大可拱把，好事者泛海致之，遇老人驾小舟至，芒履道服，貌甚古，问：'小子何往？'以实对。叱曰：'此非世俗间物，可留伴耐冬人耳。'又云：'即墨有道学先生胡峄阳，为吾通一言已不见问讯。'其人惊疑，遂返登筏，大风忽起，弃其所获乃已。后访胡峄阳，具道其事，胡怃然曰：'此三国时徐庶也，隐居鼓子洋久矣。'"

清代山东登莱海防道沈廷芳《耐冬花》诗云："幽岛凝寒候，花怜玉茗白。绿分泉底清，光印雪边红。孤庙自成种，无人开几丛。乘槎思采采，桑墨路何穷。"

清代曾有诗人赵法宪者赞鼓子洋白耐冬花："皭然冰雪姿，遗世而独立。亭亭空谷中，寒威不能蚀。烟峦伴其幽，玉石贞其德。霜月满林皋，点缀乾坤色。有客海上来，疑是徐元直。云际落天表，可望不可即。"耐冬四季常青，在冬令或初春时开花，红瓣黄蕊、精致怡人。花期逾数月直至山花烂漫的残春。在冰封雪覆、万木凋零时节，她绿树红花，迫严冬臣服。耐冬是我国北方唯一的四季常青、隆冬开花、夏秋结实的名贵花木。

耐冬与青岛，自古以来就有着千丝万缕割舍不断的联系；青岛人之爱耐冬，亦如血肉亲情。究其爱耐冬的原因：其一，耐冬为原生于崂山的珍稀花卉；其二，耐冬花色艳丽，叶肥厚如玉，终年不落，耐寒拒风，有铮铮之气概，生命能在恶劣的环境中不断地延续，更给崂山人以纯朴简约、刚直不阿、奋发图强、不惧艰险之激励；其三，蒲翁妙笔生花，拟"绛雪"而传世一段美丽动人的爱情故事，深深地打动了每个崂山人的心。

五　崂山古树之最

1. 最老的古树

树龄2110年、位于太清宫三皇殿的"汉柏凌霄"（图2-2，图2-3），是青岛市古树名木中当之无愧的"老寿星"。它是西汉建元元年道士张廉夫在崂山初创太清宫三官庵时亲手所植，株高20m，胸径124.1cm，冠幅8m×16m，在2013年入选"中国百株传奇古树"。

"汉柏凌霄"一名的由来颇有学问。通常人们认为这株古圆柏因植于汉代，又因树上生有凌霄，故称汉柏凌霄。然而另外一种说法是，古圆柏树高20m，直冲云天；仰望古树，很有凌云高耸、直插云霄之感，因而得名汉柏凌霄。

先有汉柏凌霄之称，后有凌霄花附身，堪称"一奇"。更令人惊奇的是，除了本来就有的凌霄，20世纪60年代，在该树离地5m高的缝隙处，又长出了一株盐肤木，在半空与圆柏树干成45°角，斜向上生长，形成了三树一体的景观。后来盐肤木死亡，在该树树干离地近10m高的分杈处，又长出高约30cm的刺楸，为其锦上添花。这三树合为一体，共荣共生，阅尽人间沧桑，被当地人奉为神树，是太清宫的镇宫之宝。

与太清宫同龄、日夜守着三皇殿的"汉柏凌霄"却也不是一直平平安安。通过古柏树身的斑斑痕迹，可以看出古树阅尽人间的沧桑巨变。几乎经过大树的所有讲解人员，都会告诉游客此树经过两次劫难：第一次是天灾，曾遭雷劈，年代久远，已不可考；而第二次则是出于人为，树上有了马蜂窝，有人要点火烧蜂窝所以点着了树干，火被扑灭后，古柏经过精心管护，3年后竟然重生新叶，如今从柏树的树干之间还能清晰地看到被火烧过的痕迹（图2-2）。

图2-2　汉柏凌霄（编号103　太清宫三皇殿）

2. 最粗的古树

有此称号的是崂山区王哥庄街道囤山幼儿园内的一株千年银杏（图2-4）。该树树龄1000年，高17m，胸径273.8cm，冠幅15m×18m。该树从基部50cm处分为一主枝、五分枝，其中一分枝伸出墙外，并且基部发出许多新枝。2012年4～5月间已建不锈钢围栏，出墙外分枝加支架支撑。

3. 最高的古树

太清宫三官殿中院院门前的两株银杏是崂山区最高的古树，足有30m（图2-5，图2-6）。这两株银杏为宋太祖为华盖真人刘若拙敕建太清宫时所植，至今已有1020年的高龄，需数人合抱。它扶摇云端，枝丫似游龙，依旧风姿不减。在别处多是银杏雌雄对植，而太清宫这两株银杏却皆为雄株，其间暗合了道教不嫁不娶的教义。

图2-3　汉柏凌霄树身（编号103　太清宫三皇殿）

图2-4　银杏（编号231　王哥庄囤山幼儿园）

图2-5 银杏（编号85、86 太清宫三官殿）

图2-6　银杏（编号85、86　太清宫三官殿）

4. 冠幅最大的古树

位于崂山上清宫山门内的这株银杏，有1020年的树龄，树高25m，胸径130.57cm，冠幅28m×26m，是崂山古树中冠幅之最。

据传此树为刘若拙真人修建上清宫时所栽植。树的母株已枯，内生出3株子株。该树奇特之处是，老株外皮脱落光滑，纹理古朴堪比老柏，中空腐朽又如老槐；最奇的是两子株从枯死的主干中心生长，分南北两侧破土而出，犹如凤凰涅槃一般，在死亡的烈火中得到重生（图2-7）。

5. 最有传奇色彩的古树

上清宫的白牡丹和太清宫名为"绛雪"的山茶，可以被称为最有传奇色彩的古树名木（图2-8），关于上清宫的白牡丹的传说就有数个版本。据明代高弘图《崂山九游记》记载，他在游历上清宫时，见到一株白牡丹，道人对他讲述的一段神异故事："宫有白牡丹一本，近接宫之几案，阅其皴干，似非近时物。道士神其说，谓百岁前，曾有大力者发其本，负之以去。凡几何年，大力者旋不禄。有衣白人叩宫门至，曰：'我今来！我今来！'盖梦谈也。晨视其牡丹旧坎，果已旧根吐茎矣。大力者之庭，向所发而负者，即以是年告瘁。事未必然，谈者至今不衰。"这是关于上清宫白牡丹灵异故事最早的文字记载。

但真正使这两株花木名扬天下的，却是蒲松龄的《聊斋志异·香玉》。故事的开篇就把我们带到崂山下清宫："劳山下清宫，耐冬高二丈，大数十围；牡丹高丈余，花时璀璨似锦。胶州黄生，筑舍其中而读焉。"这里所说的耐冬（山茶），就是故事中的凌波仙子绛雪；而白牡丹，就是故事中的牡丹仙子香玉。

周至元的《崂山志》载，上清宫"宫中之白牡丹，更属盛茂，干高如檐，花时至数百朵，相传即《聊斋志异》所称香玉者"。最早的"绛雪"于1926年死亡，但三官殿院内和"绛雪"树龄相近、立地条件相似、树形相若的姐妹树仍在，为了满足游人对"绛雪"的寻觅，遂将"绛雪"之名移于三官殿院的耐冬身上。2002年第二代"绛雪"也衰老死亡，而后移栽了现在的"绛雪"。

图2-7　银杏"凤凰涅槃"（编号198　上清宫）

图2-8　山茶"绛雪"（编号102　太清宫三官殿）

第三章

崂山区主要古树名木

一　银杏 *Ginkgo biloba*

　　银杏为银杏科银杏属的落叶乔木，别名白果、公孙树、鸭脚树，是现存种子植物中最古老的孑遗树种，有"活化石"之称。银杏高大挺拔，冠大荫浓，叶形古雅，为我国自古以来习用的绿化树种。

　　崂山区共有银杏古树74株，占崂山区古树名木总数的25.52%，绝大部分分布于崂山各寺观当中。崂山寺观当中银杏广植，主要与崂山的宗教文化有关：银杏生长缓慢，为长寿、辟邪的象征，这与道家长年修炼追求长生不老、延年益寿的目标相契；再者银杏树性特殊，不受病虫袭身，宗教人士不需"为树杀生"，破去"杀虫是杀生，不杀虫害树亦是杀生"的矛盾，广植银杏充分体现了出家人的慈悲心。

1. 太清宫银杏

　　太清宫居崂山东南端，是现存崂山众多道教建筑中历史最悠久、影响最深远、规模最大的宫苑。太清宫共有银杏古树26株，是崂山银杏古树分布最为集中之地。崂山区古树树龄达千年以上的银杏树，在太清宫就有5株。除了三官殿前两株高达30m的古银杏外，还有3株同龄银杏静立太清宫中，伴着悠扬的钟声，一起守护着这方净土。

　　在太清宫南门外，有近十株古老的银杏，蔚然成林，盛夏浓荫匝地，金秋黄叶飞舞。在崂山青山碧海的掩映下，古老的道观焕发着勃勃生机。

图3-1　银杏（编号107　太清宫三皇殿）

图3-2 银杏（编号112 太清宫三皇殿）

图3-3 银杏（太清宫南门外）

图3-5　银杏（太清宫南门外）

图3-4　银杏（太清宫南门外）

图3-6 银杏（太清宫南门外）

2. 上清宫银杏

上清宫位于崂山崇山峻岭之中，烟尘远隔，清幽宜人。初建之时，华盖真人刘若拙在山门内外共植银杏树4株以为纪念。千载过去，天灾人祸之后，山门内外各余一株。山门内的"凤凰涅槃"是崂山区冠幅最大的古树，山门外的"独木成林"是崂山区树龄最高的银杏，已有1040岁的高龄，比"凤凰涅槃"还要大20岁。此树乍看犹如一片树林，郁郁葱葱，走进细观母株周围有8个主分枝和百余株分蘖的子株，宛如数代子孙簇拥在年事已高的祖母身畔共享天伦（图3-7）。

崂山很多银杏都有蘖生子株的现象，这株银杏可算其中特点最为突出、胸径最大的了，就连其中最大的一株子树也高近20m、树龄达130年了。

图3-7　银杏"独木成林"（编号188　上清宫）

图3-8　银杏（编号201
明霞洞）

3. 明霞洞银杏

　　明霞洞有3株树龄为720年和1株树龄为140年的古银杏，如今长势旺盛、生机盎然（图3-8，图3-9）。相传金山派祖师孙紫阳真人在明霞洞中打坐清修。真人先天双目失明，出家之后，勤修功法，谨遵师父教诲，孜孜不倦，练就了"三花聚顶五气朝元"之功。有一日，真人静坐蒲团，凝气守意，忽有一缕霞光飞入，真人睁眼间竟能视物，大喜而呼，一脚跺地，石洞竟然开始崩塌，紫气萦绕。真人自洞后踢开石壁而出，得览胜景，仿佛身在云端，由此悟道。而洞门的两株银杏雄树，由于受到洞门塌陷、洞内"真气"泄漏的影响，叶落枝败。真人不忍银杏无辜受劫，从树上摘下一枚银杏叶丢在土中，瞬间合抱之木耸立崖畔，阻挡了洞中"真气"的外泄，两株银杏得以存活，但是却由雄变雌，由青变老。从此3株同龄古树静立洞外，共度春秋。神话虽已无法考正，但伫立洞外的古银杏风姿依然，让往来游客不禁赞叹。

图3-9　银杏（编号202，203　明霞洞）

4. 华严寺银杏

　　华严寺为崂山现存唯一佛教寺院。佛寺中自古以来便植菩提树，以示虔诚，而北方佛寺多以银杏代替。两株高大挺拔的银杏古树，伫立寺外360余载。两树均高达19m，路西那株胸径92.31cm，冠幅13.9m×17m，路东侧的银杏胸径98.68cm，冠幅13m×11m。每至金秋，满树金黄，静静守护着这座庄严古刹（图3-10，图3-11）。

图3-10　银杏（编号41　华严寺入口路东的银杏）

图3-11　银杏（编号41，42　华严寺两株银杏全景）

图3-12　银杏（编号235，236　沙子口栲栳岛潮海院）

5. 潮海院银杏

　　潮海院，位于崂山区沙子口街道栲栳岛村，原名石佛寺，始建于南北朝初期，与华严寺、法海寺并称崂山三大寺院。潮海院在历史中几经风雨，现有银杏古树6株。其中4株银杏年逾600岁，最高者达19m，冠幅最大为18m×22.3m。其余两株树龄150年，树高均为9m，树势旺盛。

图3-13　银杏（编号57，58　白云洞）

6. 白云洞银杏

　　白云洞，在崂山东部，坐落在海拔400多米的高山上，景物清奇，风光旖旎，因一年四季多白云缭绕而得名。白云洞，由巨石架成，左为青龙石，右为白虎石，前为朱雀石，后为玄武石。洞前两株古银杏，一雄一雌，需数人合抱，枝丫参天，相伴1020年，至今依旧生机盎然（图3-13）。

图3-14 银杏（编号24 明道观）

7. 明道观银杏

　　明道观位于崂山东麓招凤岭前。现存3株银杏古树（图3-14，图3-15），树龄1020年，树高18～22m、胸径均在90cm以上。专家分析，这些古树大约植于晚唐，与孙昙奉旨来崂山采药炼丹有关。这3株古银杏见证了明道观的起起落落。

图3-15　银杏（编号20、23　明道观）

8. 凝真观银杏

　　凝真观，位于王哥庄街道庙石村。在荒废的观址上，现存4株银杏古树（图3-16，图3-17），2株树龄1020年，1株220年，1株170年。这2株千年银杏，比凝真观的历史还要年长，见证了凝真观始建、重修、荒废的历史。

图3-16　银杏（编号71　凝真观）

图3-17　银杏（编号72　凝真观）

9. 华楼宫银杏

　　华楼宫位于崂山北部华楼山，依山面壑，景色优美，名胜众多。现有银杏古树5株（图3-18～图3-20），其中4株树龄710年，1株370年。在华楼宫院内的4株古银杏，翠枝扶疏、树冠如伞，遮住了半个庭院。夏季浓荫如玉，秋季遍洒金黄。而另外1株710年的银杏孤独地伫立在翠屏崖前，遗世独立。

图3-18　银杏（华楼宫远景）

图3-19　银杏（华楼宫近景）

图3-20　银杏（编号6　华楼宫）

图3-21 银杏（编号247 沙子口街道海庙村海庙）

10. 农村社区银杏

在农村社区古树名木中，以银杏数量最多。我们能经常看到古银杏硕果累累、虬枝参天的身姿（图3-21，图3-22）。民间银杏又被称作"公孙树"，一种说法乃是因为银杏树生长缓慢，自然条件下从栽种到挂果要20多年，40年后才能大量结果，因此爷爷种的树要到孙子那一代才能吃到，故而有"桃三杏四梨五年，无儿不种白果树"的说法。农村社区中银杏古树有16株，年龄最大的是崂山区王哥庄街道囤山幼儿园内的一株银杏，高17m，胸径273.9cm，冠幅15m×18m，是崂山区所有古树中胸径最大的。

农村社区中的这些古老的银杏树，或在房前屋后，或在村头小庙，曾经给人们带来绿荫，遮挡风雨，聆听人们的期盼，跟古老的村落融为一体。

图3-22 银杏（编号225 王哥庄街道港东村）

图3-24　白皮松的树干

二　白皮松 *Pinus bungeana*

　　白皮松又名虎皮松，是松科松属常绿乔木。幼树树皮灰绿色，老树树皮灰白色，典雅古朴。明朝张著的《白松诗》云："叶装银长细，花芝井粉于。寺门烟雨里，混做白龙看。"其"松骨苍"，树皮斑斓（图3-24），具沧桑成熟之美。崂山区古树名木中只有一株白皮松，位于王哥庄镇高家村老涧沟，树龄约410年，树高8m，胸径60.5cm，冠幅10m×9.5m（图3-23）。该树主干略斜，树冠张开如伞；斑驳、乳白色的树干，衬以青翠的树冠，风姿别致。

图3-23　白皮松（编号230　王哥庄街道高家村老涧沟）

三 赤松 *Pinus densiflora*

　　赤松，松科松属常绿乔木。其枝干虬曲，树形优美，寿命绵长，是营造风景林的优良树种，是山东省有自然分布的唯一的裸子植物。松树，傲霜斗雪，经冬不凋，是气节与尊严的体现，《荀子·大略》称"岁不寒，无以知松柏；事不难，无已知君子"。在胶东一带，赤松是有野生分布的唯一的松属植物。历史上，崂山区曾有"抱塔松"、"蟠龙松"，可惜在20世纪相继受松干蚧虫害而死亡。目前，崂山区树龄过百年的赤松有4株，太平宫两株320年的"华盖松"是崂山区树龄最长、胸径最大的赤松。其枝叶葱茂，老干盘曲，状若华盖（图3-25，图3-26）。华严寺华严路"听涛石"旁生长着崂山区冠幅最大的赤松（冠幅12.2m×12.8m），距今也有近140年的树龄，高达9m，覆地近百平方米，长势旺盛（图3-28）。在去往白云洞的山路旁，长有一株120年的赤松，高10m，胸径57.6cm，冠幅5m×7m（图3-27）。

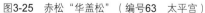

图3-25 赤松"华盖松"（编号63 太平宫）　　　　图3-26 赤松"华盖松"（编号64 太平宫）

图3-27 赤松（编号56，去往白云洞路旁）

图3-28　赤松（编号49　华严寺"听涛石"旁）

图3-29 侧柏凌霄（编号98 太清宫三清殿)

四 侧柏 *Platycladus orientalis*

　　侧柏，又称扁柏、香柏，柏科侧柏属常绿乔木。崂山风景名胜区内有古侧柏4株，均分布于太清宫中。其中最著名、最年长、冠幅最大的为生长在三清殿中的"侧柏凌霄"（图3-29）。该树已有710年的树龄，为国家一级古树，其北侧根部生长着一株凌霄，凌霄从基部分为三枝，紧紧缠绕在侧柏树干上。每至盛夏，火红的凌霄花在青翠的柏叶中开放，故而被称为"侧柏凌霄"，当地人又称之为"夫妻树"。

　　在三清殿外，有一株与"侧柏凌霄"同龄的侧柏，无独有偶，这株侧柏树主干上也有一株凌霄依附，两树一体，和睦共生（图3-30）。

图3-30　侧柏（编号123　太清宫三清殿外）

图3-32 侧柏（编号46 太清宫神水泉旁）

在太清宫还有一株侧柏（图3-31，图3-32），它虽然年岁不高，也无凌霄相伴，但一样引人注目。小说里崂山道士的穿墙术，只怕无法得见，但在太清宫神水泉旁，却有这样一株货真价实的"穿墙树"。不知是怎样的机缘，让一株侧柏，从厚重的石墙当中穿出，刺破青天，让人不禁感叹造物的神奇和生命的坚韧。

在崂山农村社区古树名木中有侧柏7株，占农村社区古树名木总数的10.77%，最小者树龄为110年，最长者200余年，均属于国家三级古树。值得一提的是王哥庄街道晓望村南窑分布有侧柏古树群，由5株古侧柏组成，树龄均为200年，树高8～10m，长势尚可（图3-33）。

图3-31 侧柏（编号46 太清宫神水泉旁）

图3-33 侧柏（编号911 王哥庄街道晓望村南窑）

图3-34　圆柏（编号 142　太清宫南门外）

五　圆柏 *Sabina chinensis*

　　圆柏，别名刺柏、柏树、桧柏，柏科圆柏属常绿乔木。圆柏老树干枝扭曲，姿态奇古，可以独树成景，是中国传统的园林树种。我国古来多配植于庙宇陵墓作墓道树或柏林，寺庙、陵园等风景名胜区多有千年古柏。在崂山的寺观园林中共有圆柏古树5株，数量虽少，但其中栽植于太清宫三皇殿的"汉柏凌霄"和太清宫南门外的古柏，均已有2110年的高龄，是青岛市历史最为悠久的两棵古树。

　　"汉柏凌霄"知之者甚多，但与之同龄的无名古柏却鲜有人知。这株古柏默默地伫立在太清宫南门外（图3-34），像一个老人漫步在时光中，与世无争。事实上，

图3-35　圆柏
（编号66　太平宫大殿院内）

　　这棵古柏与"汉柏凌霄"同年栽下，也是当年张廉夫亲手所植，同是现存崂山最老的两株古树之一，属国家一级保护古树。这株古柏如今高18m，胸径114.6cm，冠幅8m×10m，长势一般，已有数条主枝干枯，树身上也增加了避雷设施。《青岛古树名木志》对它曾有一段描述："树高18.5m，胸径114.6cm，树冠东西向12.5m、南北向16.2m。古柏主干、枝条的皮纹和木理扭曲向上，地面老根扭曲隆起，宛如一条扶摇直上的苍龙，扶疏荫翳之气欲喷云雾。上面几股粗大的主枝，遒劲苍翠，抚云摩天：有的巨臂凌空，宛若飞云；有的盘曲纠缠，其冠如盖；有的铁枝丛翠，风姿绰约。"

　　太平宫大殿院内也有一株树龄1051年的古柏，树高11m，胸径76.4cm，冠幅7m×7m，树身隆起，铁枝翠叶，饱经风霜的洗礼（图3-35）。此外在太清宫步月廊南和明霞洞各有一株属于三级古树的圆柏。

图3-36 圆柏（编号221 王哥庄西台村）

　　在农村社区11株古圆柏中，年龄最长者510年，生长在王哥庄街道西台村北茔，高达8m，胸径107cm，至今依然葱茏茂盛（图3-36）。

　　令人称奇的是，有两株350年的古柏，被人们视为村庄的保护神。这两株圆柏树生长在王哥庄街道姜家社区（图3-37，图3-38），树高10m，至今生机盎然。在抗日战争时期，这两株树所在的位置在姜家村外的坟地上。当时村子里也有两棵大树，但没有这两株圆柏这么高。崂山的游击队就在当时的姜家村和西山村一带活动，日军掌握到情报，决定派飞机轰炸姜家村。当时飞行员接到的命令是看见两棵大树就扔炸弹，结果飞机飞到姜家村时，看到了村子外的两株圆柏长得茂盛，就错把这两株圆柏当成了目标，扔下了炸弹。最后全村人幸免于难。更神奇的是，两株圆柏周围的地都炸出了大坑，可这两株树却安然无恙，并且至今郁郁葱葱，守卫在村庄周围。

图3-37　圆柏（编号226　王哥庄街道姜家社区）

图3-38　圆柏（编号227　王哥庄街道姜家社区）

图3-39 棕榈（编号82 太清宫翰林院内）

六 棕榈 *Trachycarpus fortunei*

　　棕榈，别名棕树、中国扇棕，棕榈科常绿乔木，是最为耐寒的棕榈科植物之一。棕榈树势挺拔，叶色葱茏，伴有自然芳香，适于四季观赏。崂山太清宫翰林院院内有一株棕榈（图3-39），高7m，胸径17.5cm，冠幅1.5m×1.5m，长势一般，树龄70年，属国家级保护名木。棕榈在我国主要分布在长江以南地区，此树能在崂山生长这么多年，显示出太清宫的小气候堪比"江南"。

图3-40　枫杨（编号47　华严寺"观澜石"南）

七　枫杨 *Pterocarya stenoptera*

　　枫杨，又名麻柳，胡桃科枫杨属落叶乔木。它是喜光性树种，略耐侧阴，耐水湿、耐寒、耐旱，对恶劣环境有较强的抗性，在崂山的山涧河谷有自然分布。崂山区枫杨古树有8株，崂山风景名胜区内仅有1株，位于华严寺"观澜石"南，该树树冠开展，枝叶繁密，虽长势旺盛，但树身已空，目前已经过修复（图3-40）。8株百年枫杨中树龄最大的一株位于崂山区王哥庄街道王哥庄村箱包加工厂处，有280年的树龄，树

图3-41 枫杨（编号229 王哥庄箱包加工厂）

图3-42　枫杨（编号260　崂山区北宅街道卧龙村）

高14m，胸径95.5cm，冠幅19m×18.5m，长势一般，现有水泥围墙保护（图3-41）。

在崂山区北宅街道卧龙村卧龙桥处集中分布5株，树龄均在130年左右。这5株枫杨均长势旺盛，树冠开展，其中有一株树势倾斜（图3-42），仿若蛟龙入水，姿态优美。

图3-43 麻栎（编号177
太清宫内）

八 麻栎 *Quercus acutissima*

麻栎，别名橡子树、柞树，壳斗科栎属落叶乔木。麻栎喜光，在胶东半岛山地形成麻栎树林或松栎混交林，其树形高大，树冠伸展，浓荫葱郁，入秋树叶金黄，是营造风景林、防护林的优良乡土树种。崂山麻栎群落常见，入秋山色被其叶色染成金黄色或深红色，分外明艳动人。崂山区麻栎古树只有一株，位于太清宫内，树高14m，胸径58.9cm，树冠10m×9m，树龄为170年，属国家三级古树。它一身铁骨，擎金叶万千，在太清宫飞檐走兽间昂然而立（图3-43）。

图3-44 栓皮栎（编号26 华严寺后殿屋后）

九 栓皮栎 *Quercus acutissima*

栓皮栎，又名软木栎、粗皮青冈，壳斗科栎属落叶乔木。其树冠广卵形，树干多灰褐色深纵裂，木栓层特别厚。该树种在崂山常与麻栎混生，形态特征上也容易混淆，最直观的区别在于栓皮栎的叶背面会有一层灰白色的星状毛。

崂山区栓皮栎古树有15株，其中二级古树1株，三级古树14株，集中分布于华严寺景区，形成了围绕华严寺的栓皮栎古树群，半数以上树龄达到220年。其中最古老的当属华严寺后殿屋后的320年树龄的栓皮栎古树（图3-44，图3-45），该树高17m，胸径

图3-45 栓皮栎（编号26，华严寺后殿屋后）

图3-46 栓皮栎（编号44 华严寺塔院）

114.6cm，树冠东西向15.5m、南北向14m，自基部分为两枝，树冠平展如伞，枝繁叶茂，伫立于大殿庙宇旁，日夜守护着古老的寺院。在寺院的塔院当中，一株栓皮栎古树伫立在浮屠之前，树身倾斜，夏来遮阴，冬来挡风，静静守护一方净土（图3-46）。

在中国北方庙宇园林中，以栓皮栎作为庙殿周围主要绿化树种的仅此一处。这不是庙宇园林树种运用上的一种有意突破，而是与崂山华严寺第二代方丈善和大师的生平活动密切相关。善和出家前是清初胶东农民起义的领袖——于七。顺治七年（1650年），于七因起义失败而来到崂山，翌年在华严寺落发为僧，但他念念不忘反清，在庙内精研武术技击，创出了中华武术中的独家拳种——螳螂拳。当时，常有绿林人士到华严寺拜访他。为了表示不屈的反清决心，凡到华严寺来看望于七的人，都会在庙

图3-47　栓皮栎景观（华严寺）

宇周围栽植一株栓皮栎。栓皮栎在崂山地区同麻栎一样被称为"柞树"，而胶东方言中把造反念成"作（音zuo）反"，故取谐音以明志。久而久之，华严寺便形成了一片栓皮栎林。20世纪80年代后，海内外武术界螳螂拳门派的人士纷纷到华严寺认祖归宗，拜祭这位民族英雄。寺院内外的栓皮栎古树群，人们将它们称为"群柞明志"，来缅怀这段历史和这位英雄。

图3-48　栓皮栎满地黄叶

十 板栗 *Castanea mollissima*

板栗，又名栗子、中国板栗，壳斗科栗属落叶乔木，有"千果之王"的美誉，与桃、杏、李、枣并称"五果"。崂山区树龄达百年以上的板栗仅有1株，随庙宇的建设而种植，位于崂山风景区白云洞"白云为家"东侧，树龄已有170余年，高7m，胸径61.1cm，冠幅2m×2m，主枝已大部分枯死，长势濒危，需要进行古树修复工作（图3-49）。

图3-49 板栗（编号60 白云洞"白云为家"东侧）

十一 朴树 *Celtis sinensis*

朴树，又名沙朴，榆科朴属落叶乔木，盛年时干直荫浓，老时树姿虬曲。崂山区共有10株古朴，太清景区7株，王哥庄街道3株。树龄最大的朴树已有810年，高16m，胸径133.7cm，冠幅20m×20m，也是冠幅最大的朴树，位于崂山风景区太清景区内，它生长健旺，树皮光滑，仅在分枝部位形成褶皱，就像老人的皮肤，见证了岁月的痕迹。由于生长环境恶劣，该树树干中央已腐烂，之前树身仅用铁片捆扎，防止被大风将树枝从腐烂处刮断。在2013年4月，该古树被彻底修复，如今长势恢复正常（图3-50）。

太清景区有一株树冠伞形、树干粗壮、树枝虬曲开展的朴树，320年来一直屹立在入口处（图3-51），迎接往来游客，颇有几分"迎客松"的感觉。

图3-50 朴树（编号155 太清景区太清市场内）

图3-51 朴树（编号178 太清景区停车场入口处）

十二　黑弹树 *Celtis bungeana*

　　黑弹树，别名小叶朴，榆科朴属落叶乔木。崂山区黑弹树古树有3株，其中分布在崂山区王哥庄街道雕龙嘴村的黑弹树已有420余年的树龄，是寿命最长者。该古树被人称为"蛟龙探海"，它生长在雕龙嘴村的海崖之上，6m高的树身虬曲倾斜，从崖顶探向大海，宛如一尾蛟龙俯冲入水（图3-52）。

　　华严寺景区也有两株黑弹树古树，树龄分别为120年、220年。120年的古树位于寺院"缘"字石后，该树紧靠大石而生，从基部便分为两大主干，每年金秋之际，满树金黄，叶落之后，枝丫遒劲，别具风姿（图3-53）。

图3-52　黑弹树（编号55　崂山区王哥庄街道雕龙嘴村）

图3-53　黑弹树（编号39　华严寺"缘"字石后）

十三　糙叶树

Aphananthe aspera

　　糙叶树是榆科糙叶树属落叶乔木。"摸摸老龙头，一世永无愁；摸摸老龙尾，做事有头有尾；摸摸老龙背，长命到百岁。"这株位于太清宫逢仙桥的糙叶树，树龄已达1110年，树高18m，胸径140.1cm，是全国同类树种中的"老寿星"。该古树树干盘结斜出，状如龙头，故称"龙头榆"（图3-55）。

　　据记载，此树是五代时崂山著名道士李哲玄亲手所植。李哲玄来到崂山后，在原有的"三官殿"和"三清殿"基础上，又建起了"三皇殿"，进一步完善了太清宫的建筑布局，并率领宫中道士重修道路，栽植树木花卉，整理泉池及水排沟渠，使太清宫的园林提高到当时国内同类庙宇的最高水平。"龙头榆"旁有一大石，刻有"逢仙桥"和宋太祖赵匡胤敕封崂山道士"华盖真人"的记事。相传刘若拙在一个大雪后的除夕清晨，在此处遇到一位老人，交谈一番后，觉得老人的学问高深。待老人离去时才发现半尺深的积雪上竟没有老人行走的脚印，方知遇到了仙人，而这仙人正是这"龙头榆"修炼成仙的化身。

　　崂山古树中共有两株糙叶树，除了龙头榆之外，还有一株位于崂山太清景区东李饭店前，树高8m，胸径41.4cm，冠幅10m×7m，树龄220余年（图3-54）。此树从基部分为两大主枝，扭曲盘旋，伸向大海，似双龙飞腾，又如嫦娥起舞，美妙动人。

图3-54　糙叶树（编号166　崂山风景区太清景区东李饭店前）

图3-55　糙叶树（编号125　太清宫逢仙桥）

十四　牡丹 *Paeonia suffruticosa*

　　牡丹为芍药科落叶灌木，是中国十大名花之一。牡丹花色泽艳丽，富丽堂皇，被称为"花中之王"，崂山寺庙及庭园中多有栽培。崂山上清宫院内曾有一株白牡丹，花开璀璨，是蒲松龄《聊斋志异》中的花仙"香玉"的原型，可惜这株白牡丹在民国时已死亡。现如今崂山区只在北九水蔚竹庵院内有一株牡丹古树（图3-56），树龄70年，高1.6m，冠幅2m×1.7m。这株牡丹每年逢春还能开花数十多朵。黄蕊紫瓣、雍容华贵的牡丹，开在静谧古雅的道观之中，别有一番风韵。

图3-56　牡丹（编号18　蔚竹观院内）

十五　玉兰 *Magnolia denudata*

　　玉兰，别称白玉兰、望春花、玉兰花，木兰科木兰属落叶乔木。其花色纯白、味芳香，为我国传统名花。玉兰花外形极像莲花，盛开时，花瓣展向四方，使庭院"白莲"朵朵，清香宜人，因此它具有很高的观赏价值。崂山玉兰古树有6株：崂山风景名胜区白云洞门楼外有1株（图3-57），已有220多年的树龄，为崂山玉兰中最老者，树高10m，胸径57.3cm，每年犹能开花满树（复壮工作已完成）；明霞洞院内有1株（图3-58），树龄140年，树高12m，胸径60.5cm，为崂山玉兰中最高的1株，此树生长旺盛，立于高处，每年春分前后，花开似冰如玉，丽而不艳，莹洁清丽，似漫天飞雪，非常壮观，可谓"满目缤纷飞玉鳞"；此外，崂山风景名胜区北宅街道卧龙村有1株，太平宫东院有1株，上清宫院内有2株，均为国家三级古树。

图3-57　玉兰（编号59　白云洞门楼外）

图3-58　玉兰（编号204　明霞洞）

图3-59　荷花玉兰（编号76　太清宫翰林院）

十六 荷花玉兰 *Magnolia grandiflora*

　　荷花玉兰，又称广玉兰，木兰科木兰属常绿乔木。它树姿雄伟壮丽，叶大荫浓，花似荷花，芳香馥郁。崂山区有荷花玉兰名木一株，位于太清宫翰林院，树龄80年，高12m，胸径57.3cm，冠幅10m×10m；每年夏季花朵盛开，洁白如玉，清香宜人（图3-59，图3-60）。

图3-60 荷花玉兰果实（编号76 太清宫翰林院）

十七　天女花 *Oyama sieboldii*

图3-61　天女花果实（编号896　茶涧庙）

　　天女花，又名天女木兰，木兰科天女花属落叶乔木。天女花株形美观，枝叶茂盛，盛开时，因具长花梗，花朵下垂，随风招展，犹如天女散花。其花洁白芬芳，令人心醉神迷。与其他木兰科植物不同，天女花只能在海拔较高的湿润阴坡和山谷才能生长。崂山区仅有一株天女花古树，树龄100年，高3m，胸径12.7cm，冠幅6m×4m（图3-62）。这株天女花生活在巨峰景区茶涧庙，地处山高林密的深潭幽谷中；该处海拔较高，气候湿润多变，土地肥沃。正因如此，这株天女花才得以在此安然度过了长达一个世纪的光阴。

图3-62　天女花（编号896　茶涧庙）

十八　紫玉兰 *Magnolia liliflora*

　　紫玉兰，木兰科木兰属落叶灌木，又名木兰、辛夷、木笔，它树形婀娜，枝繁花茂。在崂山林场中紫玉兰古树有3株，其中明霞洞2株，树龄分别为130年和120多年，树高分别12m和6m，胸径分别为38.2cm和41.4cm，冠幅分别为9m×8m和6m×6m；在太清宫西客堂有1株，树龄110余年，树高3m，胸径12.7cm，冠幅5m×5m（图3-63）。

图3-63　紫玉兰（编号160　太清宫西客堂）

图3-64 蜡梅
（编号83 太
清宫）

十九 蜡梅 *Chimonanthus praecox*

　　又称黄梅花，蜡梅科蜡梅属落叶灌木。它与蔷薇科的梅花虽都有"梅"字，但却是不同科的植物。蜡梅冬季凌酷寒开花，气味淡雅芳香，与梅花同为中国传统名花。在崂山区古树名木中仅有一株蜡梅，位于崂山风景名胜区太清宫西客堂，树龄达70年，高3m，长势较差（图3-64）。蜡梅在百花凋零的隆冬绽蕾，斗寒傲霜，表现了中华民族永不屈服的性格，给人以精神的启迪、美的享受。

图3-65　红楠
（编号120，
121　太清宫神
水泉）

二十　红楠 *Machilus thunbergii*

　　红楠是樟科润楠属植物。崂山太清宫神水泉两侧有2株红楠（图3-65），北侧的植株高8m，胸径28.6cm，冠幅10m×10m；南侧的植株高8m，胸径19.1cm，冠幅4m×4m，树龄已有70年。因生长环境恶劣，两株红楠生长状况较差。

　　红楠有四大观赏特色。一是观叶。红楠春季顶芽相继开放，新叶随着生长期出现深红、粉红、金黄、嫩黄或嫩绿等不同颜色的变化，满树新叶似花非花，五彩缤纷，斑斓可爱，秋梢红艳，是可用于城市景观的彩叶树种。二是观果。红楠夏季果熟，果皮紫黑色，长长的红色果柄托着一粒粒黑珍珠般靓丽动人的果实，极具观赏性，因此它又是理想的观果树种。三是观冬芽。红楠冬季顶芽粗壮饱满，呈微红色，犹如一朵朵含苞待放的花蕾，缀满碧绿的树冠，恰似"绿叶丛中万点红"，让人赏心悦目。四是观形。红楠树形优美，树干高大通直，树冠自然分层明显；加上枝叶浓密，四季常青，因此它是良好的绿化树种。

二十一　杏树 *Armeniaca vulgaris*

　　杏树，别称北梅，蔷薇科杏属落叶乔木。谚语云："桃三杏四梨五年，枣树当年就卖钱。"是说杏树种下后4年就开花结果，得益较早，5年即进入盛果期。它的一般寿命为40～100年，有"长寿树"之称。在崂山区树龄达百年以上的杏树有2株，且都在崂山寺观中。一株位于崂山华严寺后殿西侧，树高6m，胸径28cm，冠幅6m×9.2m，该树斜依石墙而生，从基部分为两大主枝，斜伸向东南，树龄已达170年以上，生长状态一般（图3-66）。每年6月，黄杏满树，果肉金黄，口感酸甜，汁液丰富。另一株位于崂山太平宫东院外，树高7m，胸径40.1cm，冠幅7m×5m，树龄在120年以上，长势旺盛，有围栏保护（图3-67）。

图3-66　杏（编号34　王哥庄街道返岭村华严寺大殿西侧）

图3-67 杏（编号69 太平宫东院）

图3-68 木瓜（编号246 沙子口街道小河东村）

图3-69　木瓜（编号
36　华严寺）

二十二　木瓜 *Chaenomeles sinensis*

　　木瓜，别名木犁、铁脚梨，蔷薇科木瓜属观赏植物。生活中常见的水果"木瓜"其实是番木瓜科的番木瓜。诗经上说的"投我以木瓜，报之以琼琚"，说的其实是生长在崂山上的这种蔷薇科的木瓜。在崂山区，木瓜古树有9株，树龄最大的已有350年，生长在沙子口街道小河东村村民家中（图3-68）。剩余8株均分布于崂山风景名胜区内。树龄最长的为220年，生长在华严寺天王殿东侧，高10m，胸径39.2cm，冠幅9m×11.5m（图3-69）。木瓜古树春季繁花满树，秋季金黄色的木瓜挂满枝头，香气扑鼻。

二十三　皱皮木瓜 *Chaenomeles speciosa*

　　皱皮木瓜，又名贴梗木瓜、铁脚梨、汤木瓜、贴梗海棠、宣木瓜等，蔷薇科木瓜属落叶灌木。崂山区皱皮木瓜古树仅有一株，位于崂山风景区北宅街道卧龙村，树龄120余年，树高3.2m，胸径31.8cm，冠幅4m×5m，至今生长依然旺盛（图3-70）。其春季花色明艳动人，秋季亦有果实挂满枝头，落叶后铁树虬枝、筋骨刚健、风姿独特。

图3-70　皱皮木瓜（编号8　北宅街道卧龙村远洋公司）

二十四 樱桃 *Cerasus pseudocerasus*

樱桃，又称楔荆桃、车厘子，蔷薇科李属落叶乔木。崂山种植樱桃已有上百年的历史，一年一度的樱桃节是北宅"乡情农韵"系列旅游活动的经典之作。崂山樱桃种植区域广泛，但樱桃古树资源仍有待于进一步挖掘。目前树龄达百年以上的樱桃仅有1株，树龄100年，高5m，胸径55.7cm，冠幅9.1m×9.1m，位于崂山区北宅街道东陈村大山涧（图3-71）。该树从基部30cm处分为两大主枝，每个主枝又各分为三小主枝，其中一小主枝因枯萎被锯掉，只留5个主枝。该树长势一般，需要精心呵护。

图3-71 樱桃（编号922 北宅街道东陈村大山涧）

图3-72 槐庆德（编号222 王哥庄东台社区）

二十五 槐 *Sophora japonica*

槐，又名国槐、槐花树等，豆科槐属落叶乔木，中国特产树种之一。其枝叶茂密，绿荫如盖，为优良的庭荫树和行道树。远在秦汉时期，自长安（今西安）至诸州的通道已有夹路植槐的记述，到唐代种植更多。崂山多植槐，在崂山区超过百年的槐树只有10株，其中3株为国家一级古树，两株为国家二级古树。

1. 槐庆德

最富于传奇色彩的是位于崂山区王哥庄街道办事处东台社区槐树沟的古槐，树高16m，胸径264.2cm，树冠东西向26.3m，南北方向25.2m（图3-72）。树干基部分为4个主枝，用铁架支住，东南方向分枝已枯死，南枝于新中国成立前被国民党军队锯去。

现该树保护较好，由崂山区东台社区居委会管理，树龄已有1000余年，人称"槐庆德"，属国家一级古树。此树虽中空体裂，但得水土之力，仍生机勃发、古朴苍劲、枝叶繁茂、华盖擎天，在青岛古树名木中堪称一绝。古树西侧曾有山神庙、牛王庙、土地庙，并有一石立碑。碑文中称："槐于永乐年间托梦与人称：吾槐仁德，千八百岁矣。" 据《崂山志》记载，东台的槐庆德共有五景，分别是"槐中抱桃"、"百鸟争枝"、"群蜂戏槐"、"隔帘观雨"和"槐荫濯月"。

2. 乌衣巷槐

崂山区另有两株古槐位于北宅街道东乌衣巷村路南东西两侧（图3-73，图3-74）。相传明永乐二年，王氏祖先王臣、王义兄弟二人从小云南（山西大同以南）昆山大槐树里头迁入此地，定居后在房前屋后栽种了18株槐树，从此槐树就成为村落中不可缺少的一部分。目前两棵古槐树龄超过500年，树高分别为7m和8m，胸径分别为95.5cm和79.6cm；冠幅分别为11m×12m和11m×11m，其中一株树心已空，但两株古树长势依然旺盛。

图3-73　槐（编号250　北宅街道东乌衣巷村路南西边）　　　图3-74　槐（编号251　北宅街道东乌衣巷村路南西边）

二十六 臭檀吴萸 *Evodia daniellii*

臭檀吴萸，别名臭檀、抛辣子、达氏吴茱萸，芸香科吴茱萸属落叶乔木。该树耐盐碱、抗海风、深根性，喜生于山坡或山崖上。崂山区树龄达百年以上的臭檀吴萸仅有1株，树龄150年，位于崂山区北宅街道晖流村神清宫西，高8m，胸径65.3cm，冠幅7.8m×10m，生长于石缝之中，树姿优美，长势旺盛（图3-75）。

图3-75 臭檀（编号920 北宅街道晖流村神清宫西）

图3-76　乌桕（编号117　太清宫神水泉）

二十七　乌桕 *Sapium sebiferum*

乌桕是大戟科乌桕属乔木，为亚热带树种，集观形、观色叶、观果于一体，具有极高的观赏价值。乌桕是一种色叶树种，春秋季叶色红艳夺目，不下丹枫，为中国特有的经济树种，已有1400多年的栽培历史。在崂山，树龄达100年以上的乌桕树仅有一株，位于太清宫神水泉，树龄210年，树高25m，胸径92.3cm，干形挺拔，长势旺盛（图3-76）。

乌桕喜光，喜温暖气候及深厚肥沃而水分丰富的土壤，耐寒性不强。年平均温度15℃以上，年降雨量750mm以上地区都可生长。一般4~5年生树开始结果，10年后进入盛果期，60~70年后渐衰老，在良好的立地条件下可生长到百年以上。乌桕能在太清宫附近长成大树，证明此处小气候接近江南，有良好的立地条件。

图3-77 乌桕秋色

图3-78| 黄杨（编号126 太清宫逢仙桥）

图3-79 黄杨（编号214 明霞洞）

图3-80 黄杨（编号208 明霞洞）

二十八 黄杨 *Buxus sinica*

黄杨，别名锦熟黄扬、瓜子黄杨，黄杨科黄杨属常绿灌木。在崂山区树龄在100年以上的黄杨共有15株。其中太清宫附近有7株，其中一株树龄达810年（图3-78）。明霞洞有黄杨5株，树龄均在700年以上且长势良好（图3-79，图3-80）。北宅街道卧龙村有黄杨1株，树龄220余年；关帝庙有黄杨1株，树龄115余年；王哥庄街道返岭村明道观东100m也有一株，树龄170余年。

有句谚语称："鸟中之王是凤凰，木中之王是黄杨。"在太清宫逢仙桥旁，有一株树龄810余年的黄杨，树高8m，胸径47.7cm，冠幅4m×5m，属一级保护古树。黄杨木木质坚硬细腻，是雕刻艺术品的上等材料。1979年，邓小平同志视察崂山太清宫时，曾指着这株黄杨说，"这种木头可以刻图章"；他非常喜欢黄杨木刻的图章，并在树下合影留念。

图3-81 黄连木〔编号156 太清宫太清市场〕

二十九　黄连木 *Pistacia chinensis*

　　黄连木为漆树科黄连木属落叶乔木。其树冠开阔，树姿雄伟，树叶繁茂而秀丽，入秋叶色变为深红色或橙黄色，果实呈红色或蓝色，具有良好的观赏效果。

　　崂山区百年以上的黄连木古树多分布在崂山风景名胜区太清宫停车场南侧一带，现已形成古树群。崂山太清宫黄连木群共有黄连木14株，各古树位置相邻，已成一定的规模。其中最老的一株位于太清景区太清市场内（图3-81），已有400余年的树龄，该

图3-82 黄连木景观

树高18m，胸径101.9cm，需两个成人才能合抱过来，其树冠东西向15m、南北向18m，遮阴亩余。它灰褐色树皮纵裂，似披满鳞甲的巨龙意欲升天。此树立地条件较差，树干周围被简易房包围，路面铺置水泥，但长势仍健旺。其余的大多数都在200年左右，生长旺盛。每到秋季，漫步在太清宫海边，高大挺拔的黄连木，披满红装，迎风摇动，让人心旷神怡（图3-82）。

图3-83 三角槭（编号908 王哥庄晓望村二龙山塘子观）

三十 三角槭 *Acer buergerianum*

　　三角槭，别称三角枫，槭树科槭树属落叶乔木，枝叶浓密，夏季浓荫覆地，入秋叶色变成暗红，为良好的秋色叶树种。崂山区达百年以上的三角槭仅有1株，位于崂山区王哥庄街道晓望村二龙山塘子观外，树高13m，胸径50.9cm，冠幅9m×9.7m，树龄110余年，生长旺盛（图3-83）。

图3-84　元宝槭春季景观

三十一　元宝槭 *Acer truncatum*

元宝槭，槭树科槭树属落叶乔木。崂山区元宝槭古树仅有1株，位于北宅街道晖流村神清宫外。据《重修神清宫碑记》载，神清宫为崂山古老道观之一，元、明两代迭经重修，至清代康熙中期和民国十二年又加修葺。宫中祀三清，后为玉皇阁，东厢为精舍，西厢为救苦殿，有长春洞、自然碑、摘星台、会仙台诸名胜，邱处机来崂山时

图3-85 元宝槭秋季景观

图3-86　元宝槭夏季景观

曾居此。1939年该宫遭日军烧毁；1943年又被日军轰炸，庙舍全毁，只留下宫旁的古老槭树，这株老槭树成为了神清宫的标志。这棵树最神奇之处在于它的根部，整个树扎根于峭壁石缝之间，鸟瞰群山之秀，甚为壮观，让人着实体会到生命的力量。这株元宝槭古树树龄150年，高达12m，胸径108.2cm，冠幅22m×18.7m，枝繁叶茂，浓荫蔽日，树形优美；特别当金秋来临，叶色由绿转红，分外迷人。游人将其称为崂山的"迎客槭"（图3-84～图3-87）。

图3-87　元宝槭冬季景观

图3-88　北枳椇果实（编号19　王哥庄街道返岭村）

三十二　北枳椇 *Hovenia dulcis*

　　北枳椇，别称枳椇、拐枣，鼠李科枳椇属落叶乔木，崂山北宅我乐村等地有自然分布。崂山区树龄达百年以上的北枳椇仅有1株，树龄120余年，位于崂山风景名胜区王哥庄街道返岭村明道观南，高11m，胸径56cm，冠幅12m×14.5m，长势旺盛。

三十三　山茶（耐冬）*Camellia japonica*

　　山茶，别名耐冬、海石榴等，山茶科山茶属常绿树种。崂山沿海岛屿与崂山顶部有分布，崂山区现共有山茶古树13株，其中国家二级古树9株，国家三级古树4株。崂山太清宫、明霞洞、关帝庙内共有山茶古树8株，社区内栽培山茶古树5株。

　　太清宫中的山茶古树，相传都是元朝道人张三丰从长门岩岛上移植来的。三官殿内所栽植那株山茶是蒲松龄先生《聊斋志异·香玉》中花神"绛雪"的原型。

　　来到太清宫的游人，纷纷来此观看这株美丽的山茶。据《太清宫志》记载："本宫古耐冬有二株，其一在三清院，年最久，传云两千年来枯而复荣者数次。载诸《聊斋志异》，名绛雪，曰花之神。清季以还，枝干折枯。本宫为维护起见，设柱敷架，平其枝股，期其持久也。及民国二十三年秋，叶落枝焦，竟则全枯，历四五年了无生

图3-90　重瓣白山茶花朵（编号88　太清宫三官殿）

意。适值倭人入寇，枝为乱兵折作火头，势不能存，然又不忍遽去，幸留老干数尺，形若仰桶，因以砖块实其窦，以防侵蚀。二十九年春，根部复萌怒芽，今已经矣。其一在三宫殿院，系元时张三丰师手植，郁茂葱茏，荟萃满院，干约十数围。年自霜降节前开花，递禅代谢，直至次年谷雨节后始罢。每届冬令，满树红绿，白雪轻敷，互相掩映，景色尤胜。"令人惋惜的是，"绛雪"二代也由于种种原因在2002年香消玉殒。如今人们在太清宫中看到的便是"绛雪"三代了。它位于太清宫三皇殿中，高10m，胸径44.6cm，树龄410年，所开也是单瓣红色的花朵。

在太清宫山茶古树中，只有三官殿前的一株山茶开的花是白色，并且是重瓣的，它是山茶中的稀有品种，树龄也有410年了（图3-89，图3-90）。开花时节，它与红色山茶一红一白，交相辉映，争芳斗艳，实为太清宫隆冬季节的一大美景。

明霞洞有两株420年的山茶古树，是13株山茶古树中最为年长者。两树相对而植，列于台阶两侧，茂盛的枝条互相偎依在一起（图3-91，图3-92）。虽然不似太清宫的"绛雪"那般为人所熟知，两棵古树却在倥偬的岁月里相互扶持，花开有人相伴，花落也有人相伴。

图3-91 山茶（编号205 明霞洞）

图3-92　山茶（编号206　明霞洞）

图3-93　紫薇（编号207　明霞洞）

图3-94　紫薇（编号91　太清宫三官殿）

三十四　紫薇 *Lagerstroemia indica*

　　紫薇，又称痒痒树、百日红，为千屈菜科落叶灌木。年轻的紫薇，树干年年生表皮，年年自行脱落，至一定树龄后，树身不复生表皮，变得莹滑光洁，加之枝杆线条流畅优美，虬然如蟠龙，古趣盎然，所以即使无花无叶时，也华美如画。当紫薇树干变光洁时，如果用手轻轻抚摸一下，便会使其枝摇叶动，甚至浑身颤抖，非常奇特，所以俗称"痒痒树"。

　　崂山区共有百年以上的紫薇7株，崂山区沙子口街道栲栳岛村1株，明霞洞、上清宫、太平宫东苑、太清宫的三皇殿和三清殿各有1株。其中树龄最大的一株（图3-93）在明霞洞，树龄620余年，树高8m，胸径28.6cm，冠幅8m×11m，是目前所知山东省境内同类紫薇中最年长的一株。在明霞洞的青葱绿色中，簇簇紫薇花热烈绽放，如粉色火焰般亮丽；浑圆的花蕾争先恐后地在花叶间探出头来，每一个都顶一点浅绿的亮色，在阳光下烁烁闪光，预示着另一片即将绽放的灿烂与辉煌。清丽的花朵，映衬着青石灰瓦的古老宫观，让人不知今夕何夕，不知天上凡间。

　　太清宫有两株开白色花的紫薇，一为古树，一为名木。这种开白花的紫薇又称银薇。银薇古树树龄120年，高7m，胸径31.8cm，冠幅6m×5m，花期较紫薇稍晚，百年来，一直保持着纯净、晶莹的花色，成为太清宫一道独特风景（图3-94）。

图3-95　石榴（编号33　王哥庄街道返岭村华严寺后殿西侧）

三十五　石榴 *Punica granatum*

石榴，又称安石榴，石榴科落叶灌木或小乔木，在热带则是常绿树。在崂山区树龄百年以上的石榴共有6株，王哥庄街道3株，太清宫3株。树龄最大的一株石榴（图3-95）位于王哥庄街道华严寺后殿西侧，树高4m，胸径19.1cm，冠幅3m×2.5m，已有270年的树龄。

还有一株石榴堪称一奇，该石榴位于太清宫道长院内，树龄已有110余年，树高6m，胸径19.1cm，冠幅3m×5m，它是白石榴，不仅花是白的，结出的果实也是白的。通常情况下都是"石榴开花红似火"，这株石榴开花却是白如雪，甚是惊艳，成为景区一奇观（图3-96）。

图3-96　石榴（编号101　太清宫道长院内）

图3-97　刺楸（编号
105　太清宫三皇殿）

三十六　刺楸 *Kalopanax septemlobus*

　　刺楸，别称刺儿楸、老虎棒子，五加科刺楸属的落叶乔木，崂山有其野生分布，属于珍稀濒危树种。崂山区百年以上的刺楸有2株，均分布在太清景区。最年长者已有270多年的树龄，株高20m，胸径146.4cm，冠幅21m×18m，长势较差，已采取复壮措施（图3-97）。令人称奇的是，在古老的刺楸基部树身上不知何时竟然生长出了两株扁担杆（图3-98），犹如古老的生命在孕育新的生命一般。另一株刺楸位于东李饭店前，树龄170年，高13m，胸径63.7cm，冠幅9m×8m，目前生长旺盛（图3-99）。

图3-98 刺楸树身上两株扁担杆

图3-99　刺楸（编号162　太清景区东李饭店前）

图3-100　君迁子（编号921，崂山区北宅街道北涧村河边）

三十七　君迁子 *Diospyros lotus*

　　君迁子，又称牛奶柿、软枣、黑枣，柿树科柿属植物。性强健，喜光，耐半阴，耐寒及耐旱性均比柿树强，因此经常将其用作柿树的嫁接砧木。

　　在崂山区树龄达百年以上的君迁子仅有一株，位于崂山区北宅街道北涧村河边。该树树高4m，胸径41.4cm，冠幅7.8m×9m，已有200年的树龄，原为建山神庙时所栽，此树生长于石缝之中，枝叶茂盛，生机盎然（图3-100）。

图3-101　流苏树（编号11　北宅街道卧龙村）

三十八　流苏树 *Chionanthus retusus*

　　流苏树，俗称牛筋子，是木犀科流苏树属落叶灌木或乔木。其木材坚硬，纹理细致美观，嫩叶可代茶，幼树可嫁接桂花。春末，百花满枝，芳香宜人，为优良观赏树种。青岛市内有野生小流苏树，但树龄百年以上的很少见，只有10株，其中9株分布于崂山各庙宇景点：明霞洞1株，太清景区东李饭店前3株，北宅街道卧龙村2株，华严寺1株，明道观1株，关帝庙院内1株。树龄最大的一株位于太清景区东李饭店前，已有320岁树龄，树高12m，胸径70m，冠幅8m×10m，树姿优美，亭亭有如华盖（图3-102）。北宅街道卧龙村内有一株流苏树树龄170年，胸径68.1cm，冠幅13.5m×15.8m，为风景区内流苏树胸径和冠幅之最，植株高大优美、枝叶繁茂，开花时如雪压树，花形纤细，秀丽可爱，暗香四溢，沁人心脾（图3-101）。

图3-102 流苏树（编号169）（太清景区东李饭店前）

三十九 紫丁香 *Syringa oblata*

　　紫丁香，又称华北紫丁香，木犀科丁香属落叶灌木或小乔木，是中国的名贵花卉。崂山区树龄达百年以上的紫丁香仅有1株，树龄150余年，位于崂山风景区蔚竹观院内。该树树高2.5m，胸径5.7cm，冠幅2m×1.5m，主干已枯死，侧枝生长良好，底部树皮慢慢腐烂，长势濒危，日后需要精心呵护（图3-103）。

图3-103 紫丁香（编号15 蔚竹观院内）

四十 桂花 *Osmanthus fragrans*

桂花中文学名为木犀，木犀科木犀属常绿乔木或灌木。崂山各寺庙宫观及庭园多栽植桂花，其中树龄在100年以上的共4株。

上清宫有'金桂'（图3-105）一株，树龄在220年，树高5m，胸径47.7cm，冠幅5m×6m，长势一般，为崂山桂花中树龄最大者；太清宫内树龄在百年以上的'金桂'有两株，树龄分别为在120年、170年，树高均为3m，这两株桂花均长势较差；太清宫内另有一株70年的'金桂'名木（图3-104），树高有7m，冠幅8m×7m，是崂山桂花名木中最高及冠幅最大的一株，其长势旺盛，每入花期，黄蕊万簇，香气袭人。

图3-104 '金桂'（编号99 太清宫）

图3-105 ‘金桂’（编号197 上清宫）

图3-106　楸（编号100　太清宫道长院）

四十一　楸 *Catalpa bungei*

楸，别称梓桐、金丝楸，紫葳科梓属植物。青岛市崂山区属国家三级古树的楸树有24株，23株分布于崂山风景名胜区内，最老的已有170余年。

崂山太清宫楸树群有楸树18株。崂山太清宫道长院屋侧一株楸树（图3-106）树龄逾170年，树高20m，胸径92.3cm，树冠东西向18m、南北向20m，长势良好，是崂山区楸树古树名木中年龄最长、冠幅最大的一株。其树体高大秀丽，姿态雄伟挺拔，每当大地回春，繁花满枝，赏心悦目；秋季果熟，树上挂满长角蒴果，琳琅满目；起风时枝条随风摇曳，别有一番仙风道骨的风味。胸径最大的一株位于"步月廊"西侧，树高23m，胸径95.5cm，树冠东西向为8m、南北向为12m，树龄150余年（图3-107）。最高的楸树高达29m，位于太清宫东侧，生长旺盛。太清宫内这18株楸树树龄都在百年以上，都为国家三级古树。

图3-107　楸（编号128　太清宫步月廊）

图3-108 凌霄（编号217 明霞洞）

四十二 凌霄 *Campsis grandiflora*

凌霄，别名藤萝花、紫葳花，紫葳科紫葳属多年生木质藤本植物，除有名的"汉柏凌霄"、"侧柏凌霄"处生长的凌霄之外，在崂山区还有一株树龄达120年的凌霄，位于崂山风景名胜区明霞洞。该树树高3.5m，胸径8cm，冠幅3.5m×1.5m，此树老株树干死后，新株靠墙而生，没有依木，挺然独立，较为罕见（图3-108）。

第四章

古树名木保护与利用

"名园易得，古木难求"。古树是不可再生的珍稀自然资源，会随着时间而逐渐消失，但是如果保护得力，不但可以延缓其衰老死亡的速度，甚至可以将已死亡的古树资源进行利用再造，使其观赏价值和历史文化价值得以延续。

一　保护古树名木的必要性

古树名木资源是大自然和前人留给我们的自然和文化遗产，在很多方面都有不可替代的价值，因此，保护古树名木非常必要。

1. 古树名木的生态价值

古树名木具有一定的生态价值。首先，树有多高，根有多深。古树一般根系庞大，能够固结土壤，起到涵养水源、保持水土的作用。其次，由于古树的冠幅较大，枝叶茂密，能够调节小气候，为人类提供无风自然凉的避暑环境。而且每株古树的数万片树叶通过呼吸作用制造大量氧气，起到净化空气的作用。同时，枝叶茂盛的高大古树对烟尘、粉尘的阻挡、过滤和吸附效果远远高于小树，并且古树冠幅较大，减噪的效应更明显。

2. 古树名木的景观价值

古树名木是名山大川、旅游胜地的绝妙佳景，是这些名胜古迹不可或缺的有机组成部分。它们苍、古、劲、朴、奇，极具审美价值。在崂山的很多景点中，古树名木就是该地的景观主体，一旦失去古树，该景点也就不存在。如白云洞是崂山著名道观之一，因常有白云升腾而得名。洞后一株古松，老干盘曲，虬枝四出，似飞龙在天，故称"云洞蟠松"，为著名的崂山十二景之一。

古树名木的观赏价值体现在各个方面，可表现为体态美（干、根）、枝梢美（形）和色彩美（叶、花、果）。古树名木的体态是指其树干和根系的形态，如树身的虬曲多姿，树干的糟朽洞穿、盘根露爪或头干枯朽等古朴自然、千姿百态的形态。有的古树树体、枝叶、花果，散发芳香气息，给予人们嗅觉的绝美体验，如梅花的幽静冷香，桂花的醇厚浓香等。

此外，古树名木还能反映出空间地理位置的特色美及时间上的季相美。在春夏秋冬的季相变化中，在晨昏昼夜的时辰变化中，在晴雨雪雾的气象变化中，发现古树名木不同的色彩美、动态美、声响美、朦胧美及自然天时美。

3. 古树名木的历史文化价值

古树名木和人们的生活联系密切，在特定的民族、时代和地域中不断形成、演变出丰富多彩的树木民俗。崇拜古树名木的历史渊源，可以追溯到上古时代。对古树名木的崇拜不仅有着宗教方面的意义，而且还会对现代人们的思维意识产生积极的影响。崂山的百姓习惯在高大的古树名木上挂红祈福，是树木崇拜在现今社会的形式体现。在目前保留下来的古村落周围，我们往往可以发现先民栽植的风水林所形成的古树群，这些风水林不光体现了树木的生态价值，也体现了先人的世界观。

在崂山，许多古树与历史事件、文学典故、民间传说、野史趣闻及宗教信仰等相关联。古树见证历史、传承文化，如东台村槐庆德的故事。还有许多古树名木与著名人物相关：古树或由帝王御封，赋予其荣誉光环，或由文人雅士亲植，赋予其文学色彩，如张三丰手植的"绛雪"。这些都为古树名木赋予了深厚的历史文化底蕴。经历过朝代更替、世事沧桑的古树名木，将自然景观和人文景观巧妙地融为一体，以其特有的风姿体现了中华民族悠久的历史，以其丰厚的内涵展示了中国灿烂的文化。古树名木的保存是一种文化现象，反映出当时的人或事的活动情况，能直接或间接为史学、考古学及社会学研究提供佐证。

4. 古树名木经济、科学价值

古树名木是天然的种质资源基因库，在研究生物多样性保护和种质资源开发方面具有重要作用。古树名木中有许多地理分布上的间断种、特有种和过渡种，对研究植物区系和大陆地理变迁上有重要意义。如分布在崂山沿海岛屿的山茶对于研究山茶属植物的区系地理具有非常重要的价值，而单属型或单科型的古树，对系统发育和系统分类研究有着重要意义。

另一方面，古树无论是自然分布，还是人工栽种，均经历上百年，甚至上千年的自然环境的考验，对于生长地的气候、土壤等自然环境条件具有高度的适应性和极强的抗逆性。从某种意义上讲，它是今天风景园林绿化的先锋和指示性植物，为景观建设及树种选择提供了重要依据。崂山区目前正在大规模进行城市化进程中，城市绿地的树种选择是一个非常重要的工作，而古树名木对科学地确定基调树种和骨干树种具有极强的指导意义。目前在古树名木数量中位于前几位的树种，如银杏和侧柏，在园林中的应用较为普遍，而栓皮栎、赤松和小叶朴等都非常罕见，可扩大其使用数量和范围。

二　崂山区古树名木保护

1. 保护现状

2013年，崂山林场与崂山区农林局对全区的古树名木进行了GPS定位，详细普查、登记造册、建立数据库，使每一株古树名木有了唯一的数字化"地址"，并为每一株古树名木标挂了统一制作的标牌，建立了古树名木后续资源的数字信息系统，详细记录有关情况，统一编号、统一归档、科学管理，建立动态监测体系，对古树名木的生长状况、管护情况等进行跟踪检查。确保古树名木的保护和后续资源的培育稳步推进，使古树名木后续资源得以一代接一代地保护和发展。

崂山区古树名木多采用围栏、支架、树池等形式进行保护。崂山区古树名木有保护措施的共有64株，约占崂山区古树名木总数的22%。其中，崂山风景名胜区内有围栏保护的有44株，设有支架的有1株，树池保护的有3株；在崂山区农村社区有围栏保护的有6株，水泥封堵的有5株，支架支撑的有1株。在2014年，崂山风景名胜区完成了古树名木的换牌工作，新制作的标识牌（图4-1）增加了二维码，这样能够更好地完成科普教育的任务。考虑到铁钉、硬金属会对古树生长造成伤害，塑料绳容易老化，这次选用的是细软的金属绳，既减少了对古树的损伤，又防止了老化，经久耐用。

2. 古树名木衰老的原因

（1）树龄老化

从树木的生命周期看，许多树种在百年树龄时才进入中年期。树木由衰老到死亡，是复杂的生理、生命与生态、环境相互影响的一个动态变化过程，是树种自身遗传因素、环境因素以及人为因素的综合结果。在崂山，许多老树生长不佳，最终因自然衰老的原因而死亡，如第二代的"绛雪"，虽然园林部门采取了各种复壮措施，最后仍衰老死亡。目前仍有蔚竹庵的紫丁香、太清宫南门外的圆柏等多棵古树因树龄老化而有濒临死亡的危险。

图4-1　古树名木新标识牌

（2）生长环境改变

　　人为活动造成土壤条件的恶劣，主要是土壤密实度过高。一般要求土壤容重为 $1.35 \sim 1.75\mathrm{g/cm^3}$ 以下；土壤有效孔隙度在10%以上。当砂质土的容重超过 $1.75\mathrm{g/cm^3}$，黏土容重超过 $1.55\mathrm{g/cm^3}$ 时，根系的穿透将受限制。除此之外，人们随意排放的废弃物，造成土壤理化性质发生改变。古树长期固定生长在某一地点，在得不到养分的自然补偿以及定期的人工施肥补偿时，常常造成土壤中某些营养元素的缺乏。古树周围铺装地面改变土壤水分环境，减少土壤水分的积蓄，致使古树根系经常处于透气、营养与水分极差的环境中。在农村社区的古树中，这一现象较为严重，如乌衣巷的两株槐虽然目前仍枝繁叶茂，但周围土地已完全硬化，它们的生长空间受到限制。

（3）意外灾害与病虫害

　　古树可能遭受的意外灾害主要有台风、雷击、暴雪、暴雨、干旱、地震、火烧等。病虫害包括各类有害生物的破坏，症状有变色、斑点、坏死、黄化、萎蔫、流脂、流胶、溃疡、肿瘤、腐烂、腐朽、死亡等。这些突发的灾害也往往可以造成古树名木的衰亡。1973年，太清宫内的儿童烧马蜂窝引起的大火差点烧死2000多年树龄的古圆柏。对于这类灾害应做到预防为主。

3. 古树名木养护管理与复壮技术

加强古树的日常养护管理，是保证古树正常生长、减缓衰老最主要的措施。首先，要保证古树对水分、养分、光照、通风、透气的需求；其次，对于衰老及其他造成不利于古树生长的因素应加以防范或排除。

（1）修建树池与设置网栏

给古树生长处保留一个必需的生长空间，树干周围设置修剪树池或围栏，是进行保护与养护管理的前提。树池的大小因条件而异，一般应有树干直径的4～6倍。目前在崂山多数古树名木都已修建树池或围栏，但部分树池面积过小，如王哥庄箱包加工厂的枫杨，树池直径约为干径的3倍，在遍地硬质铺装的情况下会造成营养不足，将影响其生长。树池修建的材料，以可透水材料为佳，以便使周围的水能够流渗到树池里面。在人多、古树容易受到干扰伤害的地方，设置围栏进行保护是十分必要的。但需要注意的是，在修剪树池或者围栏时，应同时考虑景观效果，采用和自然条件相融合的材质与造型，避免过多的人工痕迹。

（2）浇水与施肥

不少古树生长在条件较差的地方，有的地方干旱缺水；有的地方地表被水泥、沥青等硬化，水分难以渗入；有的地方地下水来源被阻断。在风景名胜区内的古树往往周围地面较高或无树池，使得自然降水无法存留，人工浇水又没有保证或难以进行；而在崂山农村社区的古树则存在周围硬质铺装过多、无有效的水分供给等问题。为了保证古树生长的旺盛与持久，当水分不足时应该设法补水，春、夏季灌水防旱，秋、冬季浇水防冻。灌水后结合松土，一方面保墒，同时增加土壤的保水性。古树的施肥方法各异，通常可在树冠投影的区域开沟，沟内施腐殖土及其他有机肥或者化肥。

（3）预防病虫害

病虫害是看不见的"森林火灾"，更是古树的大敌。病虫害防治的原则是预防为主，综合防治。病虫害防治方法，因树种、病原等而异。一般而言，加强古树的养护管理，使其旺盛生长，就能抵御病虫害的侵扰。其次，如发生病虫害，就要采取人工的、化学的、生物的方法，对症下药，及时防治。对于树体高大的和打药车难以到达的古树名木，常采用打孔注药、涂抹药液、施颗粒剂等方法进行防治。打孔注药是一种用人工或机械的方法在树上钻孔，然后往钻孔中注入一定量的农药原液，通过树干的输导组织，使药液遍布树体，从而防治害虫的方法，此种防治方法主要对蛀干类害虫和刺吸类害虫防治效果好。

（4）修剪与整枝

古树修剪主要是将枯枝、死枝、妨碍生长的枝丫、根部或主干上多余的分蘖、分枝或确有安全隐患的枝条等剪去。但目前，为了维持其景观效果较少对古树枯枝死枝进行修剪，这在某种程度上存在着安全风险。对于公共利用程度较高的古树立地环境，包括公众集合地点、休憩场所、景区主要游道、交通繁荣道路、人口密度大的居民区等以及周边建有较高利用率的公共设施（如停车场）和建筑物（如学校）区域的古树应加强巡查，及时去除枯枝。如目前太清宫南门外的圆柏，虽然修剪会在一定程度上影响景观，但仍本着安全第一的原则，去除了部分枝条。而在公共利用程度较低的古树立地环境，如处于较低利用率的公园、景区、绿地、道路、居民区，无高危险或较脆弱的影响目标的保护区中的古树，或游客密度较低的风景区及人流、车流较低的生活区中的古树，可保留部分枯死枝条。修剪时可将伤口边缘削平，先用70%的酒精消毒，再将伤口用敷料密封。

（5）支架或缆绳加固

由于年代久远，有的古树侧枝或树冠很大，难以重负；有的古树主干倾斜或中空，使树冠失去平衡或难以支撑，可能造成树体倾斜、断裂、甚至死亡；有的虽然树体正常，但由于年久衰老、枝条下垂、伤病等各种原因，树干、树枝的支撑能力下降。所以，需要根据情况，制作专门的支架，加以支撑保护，或者用链条将可能劈裂的主要分枝拉住，防止劈裂。这既是保证古树安全、长久保护的需要，也是防止由于古树倾倒、折枝而对人身造成的伤害。但做支撑时也要多加注意。如太平宫和白云洞的赤松用铁架支架做支撑，但铁架与树木接触处，常会损伤树皮或阻断树木养分运输的导管，妨碍树木生长，可能导致树木在支撑、链环接触部位形成肿瘤，所以在设置支架或链绳时，要尽量防止或减少不利作用的产生。

（6）树洞处理与加固

树洞（穴）一般是受自然或人为伤害形成，如自然界的暴风、雷电、冰裂、病虫侵入、火灾，人为的碰撞等。修补树穴的目的，就是为了及时恰当地处理伤口，防止腐烂和树洞的继续扩大。如树穴过大，会严重影响树木的支撑力和稳定性，可以用螺纹杆横向或纵向加固，最好用外支撑架支撑加固，而在树穴内加放填充物的办法实际上难以起到加固的作用。另外，树穴是否需要填充，看法并不完全一致，因为填充物一般起不到支撑和加固树干的作用，处理不好，还会使树穴内通透受阻，反而造成发霉腐烂。

（7）设置避雷针

古树一般比较高大，周围也有一定的开阔地段，有一些也曾遭受过雷击，有的在雷击后还可能完全死亡。雷击不但对古树威胁很大，对人身或其他安全也有很大危险。所以，高大的古树名木应设置避雷针，防止危险的发生。如果遭受了雷击，就要及时将伤口削平，涂上保护剂，进行必要的绑扎，堵好树洞，并辅以其他管护手段。

三　健全崂山古树名木管理保护体系的建议

1. 树立正确的古树名木资源价值观

崂山古树名木资源丰富，但是后备资源十分匮乏。在3个级别的古树中，二级古树的树木明显偏少。因此在保护好现有古树名木资源的同时，要大力培育后备资源，要从古树名木资源的自身经济价值中解脱出来，充分认识古树名木的其他价值，对珍贵树种、稀有树种或有特别意义和纪念价值的树种进行有意识地培育。同时采用组织培养技术，对濒危的古树名木进行复制，培育新一代古树名木，从而使古树名木资源的培育走上良性发展的轨道。

2. 健全法制体系

古树名木是森林资源中的瑰宝，失而不可复得。为保护古树名木资源，国家和青岛市政府相继出台了不少古树名木保护的条例，这些保护条例的落实，使古树名木的保护初见成效。但这些古树名木因自然灾害和人为活动的影响，仍然存在不同程度的破坏，还需在不断总结实践经验的基础上完善相关的法律制度。健全古树名木的法律制度，应突出可持续发展的观念和立法要求，从生态的、经济的、技术的、社会的、时代伦理等各个侧面加以规定，并体现以下几个方面的内容。

①明晰古树名木产权。古树名木资源权属不明、不当、不稳、多变是导致这一资源被污染、浪费、破坏、盲目开发和无法实行科学管理的重要原因。明晰产权，既是明确古树名木各主体在古树名木资源的保护和发展中的责、权、利，也是建立古树名木资源的生态补偿制度和有偿使用制度，完善古树名木的管护责任制度。

②建立流转监管机制，以实现对古树名木的跟踪保护。

③建立古树名木的保护和发展基金，专款专用，由各地林业行政主管部门对基金的使用进行监督和管理。通过基金的建立，对适宜本地生长、寿命长、价值高、具有科学意义和纪念意义的优良树种，精心培育，加强保护，世代相传。通过健全古树名木的法律制度，不断完善古树名木立法，从而在完善的法律制度下实现古树名木的保护和可持续发展。

3. 健全机构，落实经费

建立古树名木资源管理专门机构，保证机构稳定和正常工作，及时划拨经费，专款专用，使古树名木的保护和后续资源的培育落到实处。建立科学管理体系，健全古树名木的保护培育制度，对古树名木实行统一管理，分别养护。目前崂山实行古树名木的归属管理，即古树名木生存归属地的单位和个人为古树名木的管理责任者，并划拨管护经费，将古树名木的管理责任落实到具体的管理单位和管理人，做到棵棵有人管，株株有人负责。对管理和培育有突出贡献的单位和个人应给以表彰和奖励，对违反规定者依法给以惩处。

4. 机制和技术创新

建立古树名木后续资源培育发展激励机制和申报登记制度，积极鼓励全社会参与古树名木后续资源的培育。经个人申请后，由当地林业主管部门进行现场鉴定。一经入选登记，即长期固定，给予相应的生态补偿并进行挂牌保护，明晰产权，及时颁发林权证，并允许依法继承和转让。

开展古树名木资源所有权制度改革。对古树名木资源所有权和管护权，可以采取拍卖、承包等多种形式，进行古树名木资源所有权和管护权的合理流转。由古树名木所有权人和管护权人进行管护，签订管护合同，并给予一定的生态补偿。

5. 加强宣传

努力加强古树名木知识的普及工作，充分发挥古树名木的特有价值和生态旅游功能，积极挖掘古树名木的文化内涵以及在科学研究领域的巨大作用，努力提高人们保护古树名木的自觉性。

一株古树就是一处风景名胜，它们在园林、寺庙以及旅游景点中都有着不可磨灭的功绩。古典园林是我国传统文化的重要组成部分，在古刹寺庙，僧人们植树护林，人与自然和谐相处，使得庙宇周围郁郁葱葱。风景名胜区的古树名木更是旅游者观赏的珍品。保护古树名木，就是将先人留下的绿色财富传承给我们的子孙后代。通过对古树名木知识的普及和宣传，历史文化传统教育的强化和观赏旅游的推行等多种形式，大力开展古树名木的宣传和教育，增强全社会对保护和发展古树名木重要意义的认识，让人们更多地了解古树名木的重要价值，弘扬中华民族爱树护树的优良传统，激发人们保护和发展古树名木的积极性和自觉性。

6. 古树名木后续资源的培育和发展

古树名木后续资源的培育和发展，就是要从幼苗开始。以保持自然界生物多样性为原则，市场调节和宏观调控相结合，通过组织健全、机制激励、制度约束、法律保障、技术支撑、舆论导向、利益驱动等措施，放眼未来，立足长远，科学规划，统筹兼顾，合理布局，精心管护，持续发展，确保树木健康成长，冲刺寿命极限，以满足后人对古树名木的需要。

附录1 青岛市古树名木保护管理办法
（第二次修正）

【注】（1989年11月18日市十届人大常委会第十三次会议通过 1989年12月29日省七届人大常委会第十三次会议批准 1990年1月8日市人大常委会公告公布 根据1994年10月12日省八届人大常委会第十次会议批准的1994年9月24日市十一届人大常委会第十三次会议《关于修改〈青岛市环境噪声管理规定〉等十九件地方性法规适用范围的决定》第一次修正 根据2001年7月19日市十二届人大常委会第二十八次会议《关于修改〈青岛市古树名木保护管理办法〉等九件地方性法规部分条款的决定》第二次修正）

第一条 古树名木是国家的宝贵财富。为加强对古树名木的保护管理，根据国家法律、法规的有关规定，结合本市的实际情况，制定本办法。

第二条 市人民政府的园林管理部门和林业管理部门，分别是城市（含县级市、区的城区）和农村保护管理古树名木的主管机关。

县级市、区人民政府的园林管理部门和林业管理部门，分别对城区和农村的古树名木负责保护管理、监督检查。

第三条 本办法所称古树，是指树龄在百年以上的树木；名木，是指树种珍贵、树形奇特、在国内外及本市稀有的以及具有历史纪念意义、重要科研价值或在风景点起重要点缀作用的树木。

第四条 凡树龄在三百年以上，以及特别珍贵、稀有，或具有特殊科研价值、历史纪念意义和点缀作用的，为一级古树名木；其余的，为二级古树名木。

第五条 古树名木由市园林、林业管理部门按统一标准进行鉴定、定级，并登记、编号、建立档案、设立标志。

市园林、林业管理部门对确定列为保护的古树名木，应按实际情况，分株制定养护、管理方案，落实到管理部门和养护单位或个人，并进行检查、指导。

第六条　集体或个人所有的古树名木出卖或者以其他方式转让给他人的，应当向古树名木的主管机关备案；捐献给国家的，给予适当奖励。

第七条　在机关、部队、团体、学校、企事业单位及寺庙用地范围内的古树名木，由所在单位负责养护；

在铁路、公路、水库以及公园用地范围内的古树名木，由各该单位负责养护；

在私人宅院的古树名木，由指定的具体宅院使用者负责养护；

在上述范围以外的古树名木，分别由所在地的街道办事处和乡（镇）人民政府负责组织养护。

第八条　负责养护古树名木的单位和个人，须按照市园林、林业管理部门制定的技术规范和具体养护方案进行养护、管理，确保古树名木的正常生长。

古树名木受害或长势衰弱，养护单位和个人须立即报告所在县级市、区园林或林业管理部门进行治理、复壮。对已死亡的古树名木，须经市园林或林业管理部门确认，查明原因、明确责任并予以注销登记后，方可进行处理。

第九条　严禁下列损害古树名木的行为：（一）在树上刻划、张贴或悬挂物品；（二）借树木做施工及其他支撑物；（三）攀树、折枝、挖根或剥损树皮；（四）在树冠垂直投影以外三米的范围内，堆放物料、挖坑取土、兴建临时性建筑、倾倒有害污水污物、动用明火或排放烟气；（五）砍伐或擅自移植。

第十条　建设项目涉及古树名木的，建设单位必须提出避让和保护措施，报园林或林业管理部门审核同意，否则规划管理部门不得办理建筑执照。

国家重点建设工程确需移植古树名木的，须经市园林或林业管理部门审核同意，报市人民政府批准。

第十一条　生产、生活设施等产生的废水、废气、废渣等危害古树名木生长的，有关单位或个人必须按照环境保护部门和园林、林业管理部门的要求，在限期内采取措施，消除危害。

第十二条　古树名木的养护费用，由养护单位或个人承担。个人养护古树名木确有困难的，可以向所在县级市、区园林或林业管理部门申请专项补助。

古树名木的治理、复壮、抢救费用，按一、二级古树名木分别在市和县级市、区财政列支。

第十三条　任何单位和个人都有保护古树名木的义务，对违反本办法的行为有权制止、检举、控告。各级人民政府对保护管理古树名木成绩显著的单位和个人，给予表扬或奖励。

第十四条　古树名木已受害或衰萎，其养护单位或个人未报告，导致死亡的，对单位罚款一千元至二千元；对个人罚款一百元至二百元。擅自处理已死亡古树名木的，罚款一千元至五千元。

第十五条　对违反本办法第九条、第十条或第十一条规定的，由市和县级市、区园林或林业管理部门视不同情节，予以处罚：（一）未造成古树名木损伤的，给予警告或五十元以下罚款；（二）已造成古树名木损伤的，对单位罚款五百元至二千元；对个人罚款五十元至二百元；（三）致古树名木死亡的，除责令其按一般树木价值的十五倍至二十倍赔偿损失外，并对单位罚款五千元至一万元；对个人罚款一千元至二千元。

第十六条　破坏古树名木及其标志、保护设施，违反《中华人民共和国治安管理处罚条例》的，由公安机关给予治安处罚；构成犯罪的，由司法机关依法追究刑事责任。

第十七条　园林、林业管理部门因保护、整治措施不力，或工作人员玩忽职守，不按时检查指导，致古树名木损伤或死亡的，除对该管理部门主管领导及直接责任者给予经济处罚外，可同时给予行政处分；情节严重，构成犯罪的，由司法机关依法追究刑事责任。

第十八条　当事人对园林、林业管理部门作出的行政处罚决定不服的，可以在接到处罚决定之日起三十天内向人民法院起诉。逾期不起诉又不履行处罚决定的，由作出处罚决定的机关申请人民法院强制执行。

第十九条　崂山风景区管理委员会依照本办法规定的县级市、区人民政府园林、林业管理部门的管理权限，对崂山风景区内的古树名木负责保护管理、监督检查。业务上受市园林管理部门的指导。

第二十条　市园林、林业管理部门可以依据本办法制定有关规定，报市人民政府批准后执行。

第二十一条　本办法自1990年3月1日起施行。

附录2 崂山区古树名木汇总

编号	所属区市	中文名	别名	科	属	拉丁名	树龄	树高（m）	胸围（cm）	冠幅（m）	胸径（cm）	具体生长位置	GPS定位	权属	保护级别	生长势	现有保护措施	备注
1	崂山林场	银杏	白果、公孙树	银杏科	银杏属	Ginkgo biloba	710	26.5	371	16.8×20.15	118.1	崂山风景区华楼山华楼宫院内	东经120°29'48" 北纬36°14'15"	国有	一级	旺盛	围栏	
2	崂山林场	银杏	白果、公孙树	银杏科	银杏属	Ginkgo biloba	710	21.5	240	15.1×16.3	76.4	崂山风景区华楼山华楼宫院内	东经120°29'48" 北纬36°14'15"	国有	一级	旺盛	围栏	
3	崂山林场	银杏	白果、公孙树	银杏科	银杏属	Ginkgo biloba	710	17	342	19.5×22.1	108.9	崂山风景区华楼山华楼宫院内	东经120°29'47" 北纬36°14'15"	国有	一级	旺盛	围栏	
4	崂山林场	木瓜	木梨瓜、铁角梨	蔷薇科	木瓜属	Chaenomeles sinensis	120	9.9	105	9.5×9.1	33.4	崂山风景区华楼山华楼宫院内	东经120°29'47" 北纬36°14'14"	国有	三级	旺盛	围栏	
5	崂山林场	银杏	白果、公孙树	银杏科	银杏属	Ginkgo biloba	370	20	225	16.2×12.1	71.6	崂山风景区华楼宫院墙外	东经120°29'47" 北纬36°14'14"	国有	三级	旺盛		
6	崂山林场	银杏	白果、公孙树	银杏科	银杏属	Ginkgo biloba	710	11	182	13.1×14	57.9	崂山风景区华楼宫翠屏崖前	东经120°29'46" 北纬36°14'16"	国有	一级	较差	围栏	
7	崂山林场	银杏	白果、公孙树	银杏科	银杏属	Ginkgo biloba	720	27.6	408	17×19	129.9	崂山风景区北宅街道卧龙村远洋公司	东经120°34'23" 北纬36°14'25"	集体	一级	一般	围栏	
8	崂山林场	皱皮木瓜	贴梗海棠、贴梗木瓜	蔷薇科	木瓜属	Chaenomeles speciosa	120	3.2	100	4×5	31.8	崂山风景区北宅街道卧龙村远洋公司	东经120°34'20" 北纬36°14'25"	集体	三级	旺盛	围栏	
9	崂山林场	流苏树	牛筋子	木犀科	流苏树属	Chionanthus retusus	120	12	170	11×11	54.1	崂山风景区北宅街道卧龙村远洋公司	东经120°34'20" 北纬36°14'25"	集体	三级	旺盛	围栏	
10	崂山林场	玉兰	白玉兰	木兰科	木兰属	Magnolia denudata	120	11	148	11×9	47.1	崂山风景区北宅街道卧龙村远洋公司	东经120°34'20" 北纬36°14'25"	集体	三级	旺盛	围栏	
11	崂山林场	流苏树	牛筋子	木犀科	流苏树属	Chionanthus retusus	170	12.6	214	13.5×15.8	68.1	崂山风景区北宅街道卧龙村远洋公司	东经120°34'20" 北纬36°14'25"	集体	三级	旺盛	围栏	
12	崂山林场	玉兰	白玉兰	木兰科	木兰属	Magnolia denudata	80	11	94	4×5	29.9	崂山风景区北宅街道卧龙村远洋公司	东经120°34'20" 北纬36°14'25"	集体		旺盛	围栏	名木

（续表）

编号	所属区市	中文名	别名	科	属	拉丁名	树龄	树高(m)	胸围(cm)	冠幅(m)	胸径(cm)	具体生长位置	GPS定位	权属	保护级别	生长势	现有保护措施	备注
13	崂山林场	黄杨	锦熟黄杨、瓜子黄杨	黄杨科	黄杨属	*Buxus sinica*	220	7.5	119	5×7	37.9	崂山风景区北宅街道卧龙村远洋公司	东经120°34'19" 北纬36°14'25"	集体	三级	一般	围栏	
14	崂山林场	银杏	白果、公孙树	银杏科	银杏属	*Ginkgo biloba*	410	18.1	226	13×13.2	71.9	崂山风景区蔚竹观西南	东经120°35'20" 北纬36°12'30"	国有	二级	旺盛		
15	崂山林场	紫丁香	华北紫丁香	木犀科	丁香属	*Syringa oblata*	150	2.5	18	2×1.5	5.7	崂山风景区蔚竹观院内	东经120°35'20" 北纬36°12'30"	国有	三级	濒危	围栏	
16	崂山林场	银杏	白果、公孙树	银杏科	银杏属	*Ginkgo biloba*	810	27.8	377	22×24	120.0	崂山风景区蔚竹观东	东经120°35'20" 北纬36°12'52"	国有	一级	旺盛	围栏	
17	崂山林场	银杏	白果、公孙树	银杏科	银杏属	*Ginkgo biloba*	310	19.5	314	14.5×11.8	99.9	崂山风景区大和观门前	东经120°35'41" 北纬36°12'52"	国有	二级	旺盛	围栏	
18	崂山林场	牡丹		芍药科	芍药属	*Paeonia suffruticosa*	70	1.6	13	2×1.7	4.1	崂山风景区蔚竹观院内	东经120°35'20" 北纬36°12'30"	国有		旺盛	围栏	名木
19	崂山林场	北枳椇	枳椇、拐枣	鼠李科	枳椇属	*Hovenia dulcis*	120	11	176	12×14.5	56.0	崂山风景区王哥庄街道返岭村明道观南	东经120°39'15" 北纬36°12'08"	国有	三级	旺盛		
20	崂山林场	银杏	白果、公孙树	银杏科	银杏属	*Ginkgo biloba*	1020	18.5	300	16.8×16.8	95.5	崂山风景区王哥庄街道返岭村明道观门口	东经120°39'16" 北纬36°12'08"	国有	一级	旺盛		
21	崂山林场	黄杨	锦熟黄杨、瓜子黄杨	黄杨科	黄杨属	*Buxus sinica*	170	10	76	7×7.3	24.2	崂山风景区王哥庄街道返岭村明道观东100米	东经120°39'16" 北纬36°12'08"	国有	三级	旺盛		
22	崂山林场	槐	国槐	豆科	槐属	*Sophora japonica*	107	18.5	123	12×10.8	39.2	崂山风景区王哥庄街道返岭村明道观门口	东经120°39'15" 北纬36°12'08"	国有	三级	旺盛		
23	崂山林场	银杏	白果、公孙树	银杏科	银杏属	*Ginkgo biloba*	1020	18.5	300	12.5×16	95.5	崂山风景区王哥庄街道返岭村明道观门口	东经120°39'15" 北纬36°12'09"	国有	一级	旺盛		
24	崂山林场	银杏	白果、公孙树	银杏科	银杏属	*Ginkgo biloba*	1020	22	325	11.4×18.5	103.5	崂山风景区王哥庄街道返岭村明道观南	东经120°39'15" 北纬36°12'09"	国有	一级	旺盛		

（续表）

编号	所属区市	中文名	别名	科	属	拉丁名	树龄	树高(m)	胸围(cm)	冠幅(m)	胸径(cm)	具体生长位置	GPS定位	权属	保护级别	生长势	现有保护措施	备注
25	崂山林场	流苏树	牛筋子	木犀科	流苏树属	*Chionanthus retusus*	120	7	95	7×6	30.2	崂山风景区王哥庄街道返岭村明道观庙内	东经120°39'14" 北纬36°12'10"	国有	三级	旺盛		
26	崂山林场	栓皮栎	软木栎、粗皮青冈、柞树	壳斗科	栎属	*Quercus variabilis*	320	17	360	15.5×14	114.6	崂山风景区王哥庄街道返岭村华严寺后殿屋后	东经120°40'31" 北纬36°12'28"	国有	二级	旺盛		栓皮栎群15株
27	崂山林场	栓皮栎	软木栎、粗皮青冈、柞树	壳斗科	栎属	*Quercus variabilis*	220	11	156	10.48×9.7	49.7	崂山风景区王哥庄街道返岭村华严寺后殿屋后	东经120°40'30" 北纬36°12'28"	国有	三级	旺盛		栓皮栎群15株
28	崂山林场	栓皮栎	软木栎、粗皮青冈、柞树	壳斗科	栎属	*Quercus variabilis*	220	15	147	6×8	46.8	崂山风景区王哥庄街道返岭村华严寺后殿屋后	东经120°40'30" 北纬36°12'28"	国有	三级	旺盛		栓皮栎群15株
29	崂山林场	栓皮栎	软木栎、粗皮青冈、柞树	壳斗科	栎属	*Quercus variabilis*	220	14.5	300	7×8	95.5	崂山风景区王哥庄街道返岭村华严寺后殿屋后	东经120°40'30" 北纬36°12'28"	国有	三级	旺盛		栓皮栎群15株
30	崂山林场	栓皮栎	软木栎、粗皮青冈、柞树	壳斗科	栎属	*Quercus variabilis*	220	15.5	130	7.5×8.1	41.4	崂山风景区王哥庄街道返岭村华严寺后殿北墙	东经120°40'29" 北纬36°12'28"	国有	三级	旺盛		栓皮栎群15株
31	崂山林场	栓皮栎	软木栎、粗皮青冈、柞树	壳斗科	栎属	*Quercus variabilis*	220	13.5	140	5.2×6.7	44.6	崂山风景区王哥庄街道返岭村华严寺后殿西侧	东经120°39'16" 北纬36°12'08"	国有	三级	旺盛		栓皮栎群15株
32	崂山林场	栓皮栎	软木栎、粗皮青冈、柞树	壳斗科	栎属	*Quercus variabilis*	220	12	162	9.7×13.33	51.6	崂山风景区王哥庄街道返岭村华严寺后殿东北	东经120°39'16" 北纬36°12'08"	国有	三级	旺盛		栓皮栎群15株
33	崂山林场	石榴	安石榴	石榴科	石榴属	*Punica granatum*	270	4	60	3×2.5	19.1	崂山风景区王哥庄街道返岭村华严寺后殿西侧	东经120°40'29" 北纬36°12'27"	国有	三级	一般		
34	崂山林场	杏		蔷薇科	杏属	*Armeniaca vulgaris*	170	6	88	6×9.2	28.0	崂山风景区王哥庄街道返岭村华严寺大殿西侧	东经120°40'28" 北纬36°12'27"	国有	三级	一般		
35	崂山林场	流苏树	牛筋子	木犀科	流苏树属	*Chionanthus retusus*	140	12	126	9.2×7.47	40.1	崂山风景区王哥庄街道返岭村华严寺后殿前西侧	东经120°40'29" 北纬36°12'27"	国有	三级	旺盛		
36	崂山林场	木瓜	木梨瓜、铁角梨	蔷薇科	木瓜属	*Chaenomeles sinensis*	220	10	123	9×11.5	39.2	崂山风景区王哥庄街道返岭村华严寺天王殿东侧	东经120°40'31" 北纬36°12'26"	国有	三级	旺盛		

（续表）

编号	所属区市	中文名	别名	科	属	拉丁名	树龄	树高（m）	胸围（cm）	冠幅（m）	胸径（cm）	具体生长位置	GPS定位	权属	保护级别	生长势	现有保护措施	备注
37	崂山林场	栓皮栎	软木栎、粗皮青冈、柞树	壳斗科	栎属	*Quercus variabilis*	270	17	157	11×12	50.0	崂山风景区王哥庄街道返岭村华严寺"禅"字石旁	东经120°40′31″北纬36°12′26″	国有	三级	旺盛		栓皮栎群15株
38	崂山林场	栓皮栎	软木栎、粗皮青冈、柞树	壳斗科	栎属	*Quercus variabilis*	170	15	226	15.56×17	71.9	崂山风景区王哥庄街道返岭村华严寺三圣殿西竹林	东经120°40′29″北纬36°12′25″	国有	三级	旺盛		栓皮栎群15株
39	崂山林场	黑弹树	小叶朴	榆科	朴属	*Celtis bungeana*	120	17	247	17×18	78.6	崂山风景区王哥庄街道返岭村华严寺前"缘"石后	东经120°40′29″北纬36°12′25″	国有	三级	旺盛		
40	崂山林场	银杏	白果、公孙树	银杏科	银杏属	*Ginkgo biloba*	120	13.5	220	13.05×11.07	70.0	崂山风景区王哥庄街道返岭村塔院外北侧	东经120°40′27″北纬36°12′25″	国有	三级	旺盛		
41	崂山林场	银杏	白果、公孙树	银杏科	银杏属	*Ginkgo biloba*	367	19	310	12.6×17.8	98.7	崂山风景区华严寺放生池北侧路东	东经120°40′30″北纬36°12′24″	国有	二级	旺盛		
42	崂山林场	银杏	白果、公孙树	银杏科	银杏属	*Ginkgo biloba*	367	19	290	13.9×17	92.3	崂山风景区华严寺放生池北侧路西	东经120°40′30″北纬36°12′25″	国有	二级	旺盛		
43	崂山林场	栓皮栎	软木栎、粗皮青冈、柞树	壳斗科	栎属	*Quercus variabilis*	167	21	180	13.6×9.7	57.3	崂山风景区华严寺塔院门南	东经120°40′30″北纬36°12′24″	国有	三级	旺盛		栓皮栎群15株
44	崂山林场	栓皮栎	软木栎、粗皮青冈、柞树	壳斗科	栎属	*Quercus variabilis*	107	17	150	9.7×7.6	47.7	崂山风景区华严寺塔院内塔后	东经120°40′30″北纬36°12′24″	国有	三级	旺盛		栓皮栎群15株
45	崂山林场	楸	黄楸、金楸	紫葳科	梓属	*Catalpa bungei*	117	16	170	9×14	54.1	崂山风景区华严寺塔院南墙外	东经120°40′30″北纬36°12′23″	国有	三级	旺盛		
46	崂山林场	木瓜	木梨瓜、铁角梨	蔷薇科	木瓜属	*Chaenomeles sinensis*	117	8.5	78	7.5×8	24.8	崂山风景区华严寺塔院南墙外	东经120°40′30″北纬36°12′23″	国有	三级	旺盛		
47	崂山林场	枫杨	枰柳	胡桃科	枫杨属	*Pterocarya stenoptera*	117	11	215	15×10	68.4	崂山风景区华严寺"观澜"石南	东经120°40′31″北纬36°12′24″	国有	三级	旺盛		
48	崂山林场	栓皮栎	软木栎、粗皮青冈、柞树	壳斗科	栎属	*Quercus variabilis*	107	20	190	12×13	60.5	崂山风景区王哥庄街道返岭村星厕门口	东经120°40′32″北纬36°12′24″	国有	三级	旺盛		栓皮栎群15株

（续表）

编号	所属区市	中文名	别名	科	属	拉丁名	树龄	树高(m)	胸围(cm)	冠幅(m)	胸径(cm)	具体生长位置	GPS定位	权属	保护级别	生长势	现有保护措施	备注
49	崂山林场	赤松	日本赤松、崂山松、白头松	松科	松属	Pinus densiflora	137	9	147	12.2×12.8	46.8	崂山风景区华严路"听涛"石旁	东经120°40'36" 北纬36°12'23"	国有	三级	旺盛		
50	崂山林场	栓皮栎	软木栎、粗皮青冈、柞树	壳斗科	栎属	Quercus variabilis	220	14.5	130	8.5×8.5	41.4	崂山风景区华严寺	东经120°40'28" 北纬36°12'28"	国有	三级	旺盛		栓皮栎群15株
51	崂山林场	栓皮栎	软木栎、粗皮青冈、柞树	壳斗科	栎属	Quercus variabilis	220	14.5	140	6.5×6.5	44.6	崂山风景区华严寺	东经120°40'30" 北纬36°12'28"	国有	三级	旺盛		栓皮栎群15株
52	崂山林场	栓皮栎	软木栎、粗皮青冈、柞树	壳斗科	栎属	Quercus variabilis	170	15	170	9.8×9.6	54.1	崂山风景区华严寺	东经120°40'30" 北纬36°12'24"	国有	三级	一般		栓皮栎群15株
53	崂山林场	槐	国槐	豆科	槐属	Sophora japonica	140	12	212	8×9	67.5	崂山风景区关帝庙遗址大门门侧	东经120°40'17" 北纬36°13'38"	国有	三级	旺盛	围栏	
54	崂山林场	楸	黄楸、金楸	紫葳科	梓属	Catalpa bungei	120	12	162	5×5	51.6	崂山风景区关帝庙大门门东侧	东经120°40'16" 北纬36°13'37"	国有	三级	旺盛	围栏	
55	崂山林场	黑弹树	小叶朴	榆科	朴属	Celtis bungeana	420	6	130	5×5	41.4	崂山风景区王哥庄街道雕龙嘴村东岸海崖上	东经120°40'50" 北纬36°13'11"	国有	二级	旺盛	围栏	
56	崂山林场	赤松	日本赤松、崂山松、白头松	松科	松属	Pinus densiflora	120	10	181	5×7	57.6	崂山风景区通往白云洞洞路路边	东经120°40'12" 北纬36°13'01"	国有	三级	较差	围栏、支架	
57	崂山林场	银杏	白果、公孙树	银杏科	银杏属	Ginkgo biloba	1020	19	400	9×9	127.3	崂山风景区白云洞院内	东经120°39'57" 北纬36°13'07"	国有	一级	旺盛	围栏	
58	崂山林场	银杏	白果、公孙树	银杏科	银杏属	Ginkgo biloba	1020	21	280	8×10	89.1	崂山风景区白云洞院内	东经120°39'57" 北纬36°13'07"	国有	一级	旺盛	围栏	
59	崂山林场	玉兰	白玉兰	木兰科	木兰属	Magnolia denudata	220	10	180	6×6	57.3	崂山风景区白云洞门门楼外	东经120°39'58" 北纬36°13'07"	国有	三级	濒危	围栏	
60	崂山林场	栗	板栗	壳斗科	栗属	Castanea mollissima	170	7	192	2×2	61.1	崂山风景区白云洞"白云为家"东侧	东经120°39'58" 北纬36°13'07"	国有	三级	濒危	其他	

编号	所属区市	中文名	别名	科	属	拉丁名	树龄	树高(m)	胸围(cm)	冠幅(m)	胸径(cm)	具体生长位置	GPS定位	权属	保护级别	生长势	现有保护措施	备注
61	崂山林场	木瓜	木梨瓜、铁角梨	蔷薇科	木瓜属	*Chaenomeles sinensis*	140	8	148	3×4	47.1	崂山风景区白云洞"白云为家"北侧	东经120°39′58″北纬36°13′08″	国有	三级	旺盛	围栏	
62	崂山林场	木瓜	木梨瓜、铁角梨	蔷薇科	木瓜属	*Chaenomeles sinensis*	140	8	148	3×4	47.1	崂山风景区白云洞"白云为家"北侧	东经120°39′58″北纬36°13′08″	国有	三级	旺盛	围栏	
63	崂山林场	赤松	日本赤松、崂山松、白头松	松科	松属	*Pinus densiflora*	320	8	245	8×6	78.0	崂山风景区太平宫门南50米处	东经120°39′32″北纬36°14′01″	国有	二级	一般	围栏	
64	崂山林场	赤松	日本赤松、崂山松、白头松	松科	松属	*Pinus densiflora*	320	9.5	250	12×12	79.6	崂山风景区太平宫门南50米处	东经120°39′31″北纬36°14′01″	国有	二级	旺盛	围栏	
65	崂山林场	楸	黄楸、金楸	紫葳科	梓属	*Catalpa bungei*	140	23	243	8×7	77.3	崂山风景区太平宫门外30米处	东经120°39′31″北纬36°14′02″	国有	三级	旺盛	围栏	
66	崂山林场	圆柏	桧	柏科	圆柏属	*Sabina chinensis*	1051	11	240	7×7	76.4	崂山风景区太平宫大殿院内	东经120°39′30″北纬36°14′03″	国有	一级	旺盛	围栏	
67	崂山林场	紫薇	痒痒树、百日红	千屈菜科	紫薇属	*Lagerstroemia indica*	140	9	128	7×7	40.7	崂山风景区太平宫东院	东经120°39′31″北纬36°14′03″	国有	三级	一般	围栏	
68	崂山林场	玉兰	白玉兰	木兰科	木兰属	*Magnolia denudata*	120	9	90	5×5	28.6	崂山风景区太平宫东院	东经120°39′31″北纬36°14′03″	国有	三级	旺盛	围栏	
69	崂山林场	杏	杏	蔷薇科	杏属	*Armeniaca vulgaris*	120	7	126	7×5	40.1	崂山风景区太平宫东院	东经120°39′31″北纬36°14′03″	国有	三级	旺盛	围栏	
70	崂山林场	楸	黄楸、金楸	紫葳科	梓属	*Catalpa bungei*	140	20	185	6×7	58.9	崂山风景区王哥庄街道庙石村凝真观外	东经120°39′31″北纬36°14′03″	国有	三级	旺盛	围栏	
71	崂山林场	银杏	白果、公孙树	银杏科	银杏属	*Ginkgo biloba*	1020	22	282	16×18	89.8	崂山风景区王哥庄街道庙石村凝真观	东经120°36′15″北纬36°17′12″	国有	一级	旺盛	围栏	
72	崂山林场	银杏	白果、公孙树	银杏科	银杏属	*Ginkgo biloba*	1020	25	430	15×16	136.9	崂山风景区王哥庄街道庙石村凝真观	东经120°36′15″北纬36°17′12″	国有	一级	旺盛	围栏	

（续表）

编号	所属区市	中文名	别名	科	属	拉丁名	树龄	树高(m)	胸围(cm)	冠幅(m)	胸径(cm)	具体生长位置	GPS定位	权属	保护级别	生长势	现有保护措施	备注
73	崂山林场	银杏	白果、公孙树	银杏科	银杏属	Ginkgo biloba	220	15	195	16×16	62.1	崂山风景区王哥庄街道庙石村凝真观	东经120°36′15″ 北纬36°17′12″	国有	三级	旺盛	其他	
74	崂山林场	银杏	白果、公孙树	银杏科	银杏属	Ginkgo biloba	170	15	170	16×16	54.1	崂山风景区王哥庄街道庙石村凝真观	东经120°36′15″ 北纬36°17′12″	国有	三级	旺盛	其他	
75	崂山林场	木瓜	木梨瓜、铁角梨	蔷薇科	木瓜属	Chaenomeles sinensis	120	8	375	10×13	119.4	崂山风景区王哥庄街道庙石村凝真观	东经120°36′15″ 北纬36°17′12″	国有	三级	较差	其他	
76	崂山林场	荷花玉兰	广玉兰、洋玉兰	木兰科	木兰属	Magnolia grandiflora	80	12	180	10×10	57.3	崂山风景区大清宫翰林院	东经120°40′20″ 北纬36°08′23″	国有		旺盛		名木
77	崂山林场	银杏	白果、公孙树	银杏科	银杏属	Ginkgo biloba	1020	8	270	5×5	85.9	崂山风景区大清宫翰林院内	东经120°40′18″ 北纬36°08′21″	国有	一级	较差		
78	崂山林场	黄杨	锦熟黄杨、瓜子黄杨	黄杨科	黄杨属	Buxus sinica	140	5	85	3×3	27.1	崂山风景区大清宫翰林院内	东经120°40′20″ 北纬36°08′23″	国有	三级	较差		
79	崂山林场	紫薇（银薇）	痒痒树、百日红	千屈菜科	紫薇属	Lagerstroemia indica	70	6	100	6×6	31.8	崂山风景区大清宫翰林院内	东经120°40′20″ 北纬36°08′23″	国有		较差		名木
80	崂山林场	石榴	安石榴	石榴科	石榴属	Punica granatum	160	3	78	3×3	24.8	崂山风景区大清宫翰林院内	东经120°40′20″ 北纬36°08′23″	国有	三级	濒危		
81	崂山林场	木瓜	木梨瓜、铁角梨	蔷薇科	木瓜属	Chaenomeles sinensis	160	9	190	6×6	60.5	崂山风景区大清宫翰林院内	东经120°40′20″ 北纬36°08′23″	国有	三级	旺盛		
82	崂山林场	棕榈		棕榈科	棕榈属	Trachycarpus fortunei	70	7	55	1.5×1.5	17.5	崂山风景区大清宫翰林院内	东经120°40′19″ 北纬36°08′23″	国有		较差		名木
83	崂山林场	蜡梅	梅花	蜡梅科	蜡梅属	Chimonanthus praecox	70	3	20	2×2	6.4	崂山风景区大清宫西客堂	东经120°40′19″ 北纬36°08′23″	国有		较差		名木
84	崂山林场	楸	黄楸、金楸	紫葳科	梓属	Catalpa bungei	160	26	220	5×5	70.0	崂山风景区大清宫三官殿	东经120°40′18″ 北纬36°08′23″	国有	三级	旺盛		
85	崂山林场	银杏	白果、公孙树	银杏科	银杏属	Ginkgo biloba	1020	30	550	15×15	175.1	崂山风景区大清宫三官殿	东经120°40′18″ 北纬36°08′23″	国有	一级	旺盛		

（续表）

编号	所属区市	中文名	别名	科	属	拉丁名	树龄	树高（m）	胸围（cm）	冠幅（m）	胸径（cm）	具体生长位置	GPS定位	权属	保护级别	生长势	现有保护措施	备注
86	崂山林场	银杏	白果、公孙树	银杏科	银杏属	Ginkgo biloba	1020	30	365	12×12	116.2	崂山风景区大清宫三官殿	东经120°40′18″ 北纬36°08′23″	国有	一级	旺盛		
87	崂山林场	山茶	耐冬	山茶科	山茶属	Camellia japonica	410	5	106	7×7	33.7	崂山风景区大清宫三官殿	东经120°40′18″ 北纬36°08′23″	国有	二级	旺盛		
88	崂山林场	山茶	耐冬、重瓣白山茶	山茶科	山茶属	Camellia japonica	410	5	60	6×6	19.1	崂山风景区大清宫三官殿	东经120°40′18″ 北纬36°08′23″	国有	二级	较差		
89	崂山林场	山茶	耐冬	山茶科	山茶属	Camellia japonica	270	5	80	5×5	25.5	崂山风景区大清宫三官殿	东经120°40′18″ 北纬36°08′21″	国有	三级	旺盛		
90	崂山林场	山茶	耐冬	山茶科	山茶属	Camellia japonica	370	4	100	8×6	31.8	崂山风景区大清宫三官殿	东经120°40′18″ 北纬36°08′21″	国有	二级	旺盛		
91	崂山林场	紫薇（银薇）	痒痒树、百日红	千屈菜科	紫薇属	Lagerstroemia indica	120	7	100	6×5	31.8	崂山风景区大清宫	东经120°40′18″ 北纬36°08′21″	国有	三级	旺盛		
92	崂山林场	桂花	木犀	木犀科	木犀属	Osmanthus fragrans	120	3	55	3×3	17.5	崂山风景区大清宫三官殿	东经120°40′18″ 北纬36°08′21″	国有	三级	较差		
93	崂山林场	黄杨	锦熟黄杨、瓜子黄杨	黄杨科	黄杨属	Buxus sinica	120	6	70	6×6	22.3	崂山风景区大清宫	东经120°40′18″ 北纬36°08′21″	国有	三级	较差		
94	崂山林场	黄杨	锦熟黄杨、瓜子黄杨	黄杨科	黄杨属	Buxus sinica	120	7	80	7×6	25.5	崂山风景区大清宫三官殿	东经120°40′18″ 北纬36°08′21″	国有	三级	较差		
95	崂山林场	黄杨	锦熟黄杨	黄杨科	黄杨属	Buxus sinica	120	6	60	4×6	19.1	崂山大清宫三官殿	东经120°41′18″ 北纬36°08′21″	国有	三级	较差		
96	崂山林场	楸	黄楸、金楸	紫葳科	梓属	Catalpa bungei	120	6	220	8×10	70.0	崂山大清宫三官殿道长院内	东经120°40′17″ 北纬36°08′25″	国有	三级	旺盛		
97	崂山林场	桂花	木犀	木犀科	木犀属	Osmanthus fragrans	170	3	55	5×4	17.5	崂山风景区大清宫三清殿	东经120°40′16″ 北纬36°08′24″	国有	三级	较差		

（续表）

编号	所属区县市	中文名	别名	科	属	拉丁名	树龄	树高(m)	胸围(cm)	冠幅(m)	胸径(cm)	具体生长位置	GPS定位	权属	保护级别	生长势	现有保护措施	备注
98	崂山林场	侧柏	柏树、片松	柏科	侧柏属	*Platycladus orientalis*	710	15	220	10×10	70.0	崂山风景区大清宫三清殿	东经120°40'16" 北纬36°08'24"	国有	一级	旺盛		侧柏凌霄
99	崂山林场	桂花	木犀	木犀科	木犀属	*Osmanthus fragrans*	70	7	100	8×7	31.8	崂山风景区大清宫西客堂	东经120°40'19" 北纬36°08'23"	国有		旺盛		名木
100	崂山林场	楸	黄楸、金楸	紫葳科	梓属	*Catalpa bungei*	170	20	290	18×20	92.3	崂山风景区大清宫道长院	东经120°40'15" 北纬36°08'24"	国有	三级	旺盛		
101	崂山林场	石榴	安石榴	石榴科	石榴属	*Punica granatum*	110	6	60	3×5	19.1	崂山风景区大清宫道长院	东经120°40'16" 北纬36°08'24"	国有	三级	较差		
102	崂山林场	山茶	耐冬	山茶科	山茶属	*Camellia japonica*	410	10	140	10×11	44.6	崂山风景区大清宫三官殿	东经120°40'14" 北纬36°08'23"	国有	二级	旺盛		"绛雪"
103	崂山林场	圆柏	桧	柏科	圆柏属	*Sabina chinensis*	2110	20	390	8×16	124.1	崂山风景区大清宫三皇殿	东经120°40'14" 北纬36°08'23"	国有	一级	旺盛		三树一体
104	崂山林场	楸	黄楸、金楸	紫葳科	梓属	*Catalpa bungei*	120	20	196	10×11	62.4	崂山风景区大清宫三皇殿	东经120°40'13" 北纬36°08'23"	国有	三级	旺盛		
105	崂山林场	刺楸	刺儿楸、老虎棒子	五加科	刺楸属	*Kalopanax septemlobus*	270	20	460	21×18	146.4	崂山风景区大清宫三皇殿	东经120°40'14" 北纬36°08'23"	国有	三级	较差		
106	崂山林场	石榴	安石榴	石榴科	石榴属	*Punica granatum*	110	6	90	10×5	28.6	崂山风景区大清宫	东经120°40'18" 北纬36°08'21"	国有	三级	较差		
107	崂山林场	银杏	白果、公孙树	银杏科	银杏属	*Ginkgo biloba*	1010	25	420	18×22	133.7	崂山风景区大清宫三皇殿	东经120°40'15" 北纬36°08'21"	国有	一级	旺盛		
108	崂山林场	银杏	白果、公孙树	银杏科	银杏属	*Ginkgo biloba*	520	22	260	9×10	82.8	崂山风景区大清宫三皇殿	东经120°40'15" 北纬36°08'21"	国有	一级	旺盛		
109	崂山林场	银杏	白果、公孙树	银杏科	银杏属	*Ginkgo biloba*	520	20	310	14×18	98.7	崂山风景区大清宫三皇殿	东经120°40'14" 北纬36°08'22"	国有	一级	旺盛		
110	崂山林场	黄连木	楷树	漆树科	黄连木属	*Pistacia chinensis*	120	18	210	11×13	66.8	崂山风景区大清宫三皇殿	东经120°40'14" 北纬36°08'23"	国有	三级	旺盛		
111	崂山林场	银杏	白果、公孙树	银杏科	银杏属	*Ginkgo biloba*	310	22	230	18×16	73.2	崂山风景区大清宫神水泉	东经120°40'15" 北纬36°08'23"	国有	二级	旺盛		
112	崂山林场	银杏	白果、公孙树	银杏科	银杏属	*Ginkgo biloba*	1010	26	480	12×26	152.8	崂山风景区大清宫三皇殿	东经120°40'14" 北纬36°08'23"	国有	一级	旺盛		
113	崂山林场	楸	黄楸、金楸	紫葳科	梓属	*Catalpa bungei*	120	18	220	7×8	70.0	崂山风景区大清宫三皇殿	东经120°40'15" 北纬36°08'23"	国有	三级	较差		
114	崂山林场	紫薇	痒痒树、百日红	千屈菜科	紫薇属	*Lagerstroemia indica*	180	6	100	2×3	31.8	崂山风景区大清宫三皇殿	东经120°40'15" 北纬36°08'23"	国有	三级	较差		

编号	所属区市	中文名	别名	科	属	拉丁名	树龄	树高(m)	胸围(cm)	冠幅(m)	胸径(cm)	具体生长位置	GPS定位	权属	保护级别	生长势	现有保护措施	备注
115	崂山林场	黄杨	锦熟黄杨、瓜子黄杨	黄杨科	黄杨属	*Buxus sinica*	140	8	70	8×6	22.3	崂山风景区大清宫三皇殿	东经120°40′15″ 北纬36°08′23″	国有	三级	较差		
116	崂山林场	银杏	白果、公孙树	银杏科	银杏属	*Ginkgo biloba*	810	18	310	16×18	98.7	崂山风景区大清宫神水泉	东经120°40′15″ 北纬36°08′23″	国有	一级	旺盛		
117	崂山林场	乌桕		大戟科	乌桕属	*Sapium sebiferum*	210	25	290	10×12	92.3	崂山风景区大清宫神水泉	东经120°40′15″ 北纬36°08′23″	国有	三级	旺盛		
118	崂山林场	楸	黄楸、金楸	紫葳科	梓属	*Catalpa bungei*	130	23	225	10×8	71.6	崂山风景区大清宫神水泉	东经120°40′15″ 北纬36°08′23″	国有	三级	旺盛		
119	崂山林场	侧柏	柏树、片松	柏科	侧柏属	*Platycladus orientalis.*	120	8	120	6×5	38.2	崂山风景区大清宫神水泉	东经120°40′16″ 北纬36°08′24″	国有	三级	较差		
120	崂山林场	红楠	小楠木、冬青	樟科	润楠属	*Machilus thunbergii.*	70	8	60	4×4	19.1	崂山风景区大清宫神水泉	东经120°40′15″ 北纬36°08′23″	国有	三级	较差		名木
121	崂山林场	红楠	小楠木、冬青	樟科	润楠属	*Machilus thunbergii*	70	8	90	10×10	28.6	崂山风景区大清宫神水泉	东经120°40′15″ 北纬36°08′23″	国有	三级	较差		名木
122	崂山林场	紫薇	痒痒树、百日红	千屈菜科	紫薇属	*Lagerstroemia indica*	310	5	120	1×1	38.2	崂山风景区大清宫三清殿	东经120°40′16″ 北纬36°08′24″	国有	二级	濒危		
123	崂山林场	侧柏	柏树、片松	柏科	侧柏属	*Platycladus orientalis*	710	12	277	9×8	88.2	崂山风景区大清宫三清殿	东经120°40′16″ 北纬36°08′24″	国有	一级	旺盛		
124	崂山林场	银杏	白果、公孙树	银杏科	银杏属	*Ginkgo biloba*	710	15	270	8×10	85.9	崂山风景区大清宫道长院	东经120°40′17″ 北纬36°08′24″	国有	一级	较差		
125	崂山林场	糙叶树	龙头榆	榆科	糙叶树属	*Aphananthe aspera*	1110	18	444	15×35	141.3	崂山风景区大清宫逢仙桥	东经120°40′17″ 北纬36°08′23″	国有	一级	旺盛		两树一体
126	崂山林场	黄杨	锦熟黄杨、瓜子黄杨	黄杨科	黄杨属	*Buxus sinica*	810	8	150	4×5	47.7	崂山风景区大清宫逢仙桥	东经120°40′17″ 北纬36°08′23″	国有	一级	较差		
127	崂山林场	楸	黄楸、金楸	紫葳科	梓属	*Catalpa bungei*	120	20	290	10×11	92.3	崂山风景区大清宫步月廊	东经120°40′17″ 北纬36°08′23″	国有	三级	旺盛		
128	崂山林场	楸	黄楸、金楸	紫葳科	梓属	*Catalpa bungei*	150	23	300	8×12	95.5	崂山风景区大清宫步月廊	东经120°40′16″ 北纬36°08′23″	国有	三级	旺盛		

（续表）

编号	所属区市	中文名	别名	科	属	拉丁名	树龄	树高（m）	胸围（cm）	冠幅（m）	胸径（cm）	具体生长位置	GPS定位	权属	保护级别	生长势	现有保护措施	备注
129	崂山林场	朴树		榆科	朴属	*Celtis sinensis*	170	20	480	18×20	152.8	崂山风景区大清宫步月廊	东经120°40′17″ 北纬36°08′23″	国有	三级	旺盛		
130	崂山林场	银杏	白果、公孙树	银杏科	银杏属	*Ginkgo biloba*	120	22	90	10×12	28.6	崂山风景区大清宫	东经120°40′16″ 北纬36°08′23″	国有	三级	旺盛		
131	崂山林场	银杏	白果、公孙树	银杏科	银杏属	*Ginkgo biloba*	810	23	320	16×20	101.9	崂山风景区大清宫月廊南	东经120°40′16″ 北纬36°08′23″	国有	一级	旺盛		
132	崂山林场	圆柏	桧	柏科	圆柏属	*Sabina chinensis*	120	10	150	6×7	47.7	崂山风景区大清宫步月廊南	东经120°40′17″ 北纬36°08′22″	国有	三级	旺盛		
133	崂山林场	楸	黄楸、金楸	紫葳科	楸属	*Catalpa bungei*	140	20	210	10×12	66.8	崂山风景区大清宫逢仙桥	东经120°40′16″ 北纬36°08′22″	国有	三级	旺盛		
134	崂山林场	楸	黄楸、金楸	紫葳科	楸属	*Catalpa bungei*	120	20	190	10×11	60.5	崂山风景区大清宫逢仙桥	东经120°40′17″ 北纬36°08′22″	国有	三级	旺盛		
135	崂山林场	楸	黄楸、金楸	紫葳科	楸属	*Catalpa bungei*	120	20	170	10×10	54.1	崂山风景区大清宫逢仙桥	东经120°40′17″ 北纬36°08′22″	国有	三级	旺盛		
136	崂山林场	侧柏	柏树、片松、铝熟黄	柏科	侧柏属	*Platycladus orientalis*	120	10	130	8×7	41.4	崂山风景区大清宫逢仙桥	东经120°40′17″ 北纬36°08′22″	国有	三级	旺盛		
137	崂山林场	黄杨	黄杨、瓜子黄杨	黄杨科	黄杨属	*Buxus sinica*	120	6	90	7×6	28.6	崂山风景区大清宫	东经120°40′17″ 北纬36°08′21″	国有	三级	旺盛		
138	崂山林场	楸	黄楸、金楸	紫葳科	楸属	*Catalpa bungei*	140	15	220	6×6	70.0	崂山风景区大清宫	东经120°40′17″ 北纬36°08′21″	国有	三级	旺盛		
139	崂山林场	楸	黄楸、金楸	紫葳科	楸属	*Catalpa bungei*	120	29	220	7×8	70.0	崂山风景区大清宫东侧	东经120°40′23″ 北纬36°08′23″	国有	三级	旺盛		
140	崂山林场	银杏	白果、公孙树	银杏科	银杏属	*Ginkgo biloba*	810	25	310	11×11	98.7	崂山风景区大清宫东侧	东经120°40′22″ 北纬36°08′22″	国有	一级	旺盛		
141	崂山林场	银杏	白果、公孙树	银杏科	银杏属	*Ginkgo biloba*	420	18	250	12×12	79.6	崂山风景区大清宫东门门外	东经120°40′19″ 北纬36°08′21″	国有	二级	旺盛		
142	崂山林场	圆柏	桧	柏科	圆柏属	*Sabina chinensis*	2110	18	360	8×10	114.6	崂山风景区大清宫南侧	东经120°40′19″ 北纬36°08′21″	国有	一级	旺盛		
143	崂山林场	银杏	白果、公孙树	银杏科	银杏属	*Ginkgo biloba*	810	26	340	16×12	108.2	崂山风景区大清宫南侧	东经120°40′19″ 北纬36°08′21″	国有	一级	旺盛		
144	崂山林场	朴树		榆科	朴属	*Celtis sinensis*	130	12	184	10×10	58.6	崂山风景区大清宫南门	东经120°40′18″ 北纬36°08′20″	国有	三级	旺盛	围栏	

（续表）

编号	所属区市	中文名	别名	科	属	拉丁名	树龄	树高(m)	胸围(cm)	冠幅(m)	胸径(cm)	具体生长位置	GPS定位	权属	保护级别	生长势	现有保护措施	备注
145	崂山林场	银杏	白果、公孙树	银杏科	银杏属	Ginkgo biloba	520	16	270	7×7	85.9	崂山风景区太清宫南门外	东经120°40′17″ 北纬36°08′21″	国有	一级	旺盛		
146	崂山林场	银杏	白果、公孙树	银杏科	银杏属	Ginkgo biloba	510	16	340	15×11	108.2	崂山风景区太清宫南门外	东经120°40′17″ 北纬36°08′21″	国有	一级	旺盛		
147	崂山林场	银杏	白果、公孙树	银杏科	银杏属	Ginkgo biloba	510	16	250	12×12	79.6	崂山风景区太清竹园路东	东经120°40′17″ 北纬36°08′20″	国有	一级	旺盛		
148	崂山林场	银杏	白果、公孙树	银杏科	银杏属	Ginkgo biloba	510	18	240	11×12	76.4	崂山风景区太清宫南门外西侧	东经120°40′17″ 北纬36°08′20″	国有	一级	旺盛		
149	崂山林场	银杏	白果、公孙树	银杏科	银杏属	Ginkgo biloba	310	20	250	9×9	79.6	崂山风景区太清宫南门外西侧	东经120°40′14″ 北纬36°08′17″	国有	二级	旺盛	树池、填土	
150	崂山林场	银杏	白果、公孙树	银杏科	银杏属	Ginkgo biloba	510	18	280	12×14	89.1	崂山风景区太清宫南门外西侧	东经120°40′16″ 北纬36°08′21″	国有	一级	旺盛		
151	崂山林场	楸	黄楸、金楸	紫葳科	梓属	Catalpa bungei	170	22	270	6×11	85.9	崂山风景区太清宫南门外	东经120°40′16″ 北纬36°08′21″	国有	三级	旺盛	围栏	
152	崂山林场	银杏	白果、公孙树	银杏科	银杏属	Ginkgo biloba	510	18	280	14×18	89.1	崂山风景区太清宫南门外	东经120°40′16″ 北纬36°08′21″	国有	一级	旺盛		
153	崂山林场	黄连木	楷树	漆树科	黄连木属	Pistacia chinensis	310	14	266	8×7	84.7	崂山风景区道家养生院宫南	东经120°40′18″ 北纬36°08′20″	国有	二级	旺盛	树池、填土	
154	崂山林场	银杏	白果、公孙树	银杏科	银杏属	Ginkgo biloba	220	12	210	5×6	66.8	崂山风景区道家养生院西侧	东经120°40′21″ 北纬36°08′18″	国有	三级	一般	树池、填土	
155	崂山林场	朴树	朴树	榆科	朴属	Celtis sinensis	810	16	420	20×20	133.7	景区大清太清市场内	东经120°40′16″ 北纬36°08′16″	国有	一级	旺盛	填土	
156	崂山林场	黄连木	楷树	漆树科	黄连木属	Pistacia chinensis	410	18	320	18×15	101.9	崂山风景区太清景区太清市场内	东经120°40′16″ 北纬36°08′17″	国有	二级	旺盛		
157	崂山林场	黄连木	楷树	漆树科	黄连木属	Pistacia chinensis	310	15	280	11×13	89.1	崂山风景区太清	东经120°40′16″ 北纬36°08′14″	国有	二级	旺盛		
158	崂山林场	黄连木	楷树	漆树科	黄连木属	Pistacia chinensis	310	14	190	10×10	60.5	崂山风景区东李饭店前	东经120°40′16″ 北纬36°08′14″	国有	二级	旺盛		
159	崂山林场	黄连木	楷树	漆树科	黄连木属	Pistacia chinensis	310	12	240	10×10	76.4	崂山风景区东李饭店前	东经120°40′16″ 北纬36°08′13″	国有	二级	旺盛		
160	崂山林场	紫玉兰	辛夷、木兰、木笔	木兰科	木兰属	Magnolia liliflora	110	3	40	5×5	12.7	崂山风景区东李宫西客堂	东经120°40′19″ 北纬36°08′24″	国有	三级	旺盛		
161	崂山林场	黄连木	楷树	漆树科	黄连木属	Pistacia chinensis	210	13	160	6×5	50.9	崂山风景区东李饭店前	东经120°40′16″ 北纬36°08′14″	国有	三级	旺盛		

（续表）

编号	所属区市	中文名	别名	科	属	拉丁名	树龄	树高(m)	胸围(cm)	冠幅(m)	胸径(cm)	具体生长位置	GPS定位	权属	保护级别	生长势	现有保护措施	备注
162	崂山林场	刺楸	刺儿楸、老虎棒子	五加科	刺楸属	*Kalopanax septemlobus*	170	13	200	9×8	63.7	崂山风景区太清景区东李李饭店前	东经120°40′16″ 北纬36°08′13″	国有	三级	旺盛		
163	崂山林场	流苏树	牛筋子	木犀科	流苏树属	*Chionanthus retusus*	220	8	90	14×8	28.6	崂山风景区太清景区东李李饭店前	东经120°40′16″ 北纬36°08′13″	国有	三级	旺盛		
164	崂山林场	黄连木	楷树	漆树科	黄连木属	*Pistacia chinensis*	220	15	135	10×13	43.0	崂山风景区太清景区东李李饭店前	东经120°40′16″ 北纬36°08′13″	国有	三级	旺盛		
165	崂山林场	流苏树	牛筋子	木犀科	流苏树属	*Chionanthus retusus*	220	13	150	12×6	47.7	崂山风景区太清景区东李李饭店前	东经120°40′16″ 北纬36°08′11″	国有	三级	较差		
166	崂山林场	糙叶树		榆科	糙叶树属	*Aphananthe aspera*	220	8	130	10×7	41.4	崂山风景区太清景区东李李饭店前	东经120°40′16″ 北纬36°08′14″	国有	三级	较差		
167	崂山林场	黄连木	楷树	漆树科	黄连木属	*Pistacia chinensis*	220	11	150	5×11	47.7	崂山风景区太清景区东李李饭店前	东经120°40′16″ 北纬36°08′15″	国有	三级	一般		
168	崂山林场	黄连木	楷树	漆树科	黄连木属	*Pistacia chinensis*	220	14	180	12×10	57.3	崂山风景区太清景区东李李饭店前	东经120°40′15″ 北纬36°08′16″	国有	三级	旺盛		
169	崂山林场	流苏树	牛筋子	木犀科	流苏树属	*Chionanthus retusus*	320	12	220	8×10	70.0	崂山风景区太清景区东李李饭店前	东经120°40′15″ 北纬36°08′16″	国有	二级	旺盛		
170	崂山林场	黄连木	楷树	漆树科	黄连木属	*Pistacia chinensis*	220	17	200	8×10	63.7	崂山风景区太清景区东李李饭店前	东经120°40′14″ 北纬36°08′17″	国有	三级	旺盛		
171	崂山林场	黄连木	楷树	漆树科	黄连木属	*Pistacia chinensis*	220	17	230	10×10	73.2	崂山风景区太清景区东李李饭店前	东经120°40′14″ 北纬36°08′17″	国有	三级	旺盛		
172	崂山林场	朴树		榆科	朴属	*Celtis sinensis*	170	12	190	9×11	60.5	崂山风景区太清宫牌坊前	东经120°40′14″ 北纬36°08′08″	国有	三级	旺盛		
173	崂山林场	黄连木	楷树	漆树科	黄连木属	*Pistacia chinensis*	220	15	190	7×8	60.5	崂山风景区太清宫牌坊南	东经120°40′14″ 北纬36°08′17″	国有	三级	旺盛		
174	崂山林场	朴树		榆科	朴属	*Celtis sinensis*	140	18	240	18×17	76.4	崂山风景区太清宫牌坊北	东经120°40′14″ 北纬36°08′18″	国有	三级	旺盛		
175	崂山林场	朴树		榆科	朴属	*Celtis sinensis*	170	16	250	20×18	79.6	崂山风景区太清竹林西	东经120°40′15″ 北纬36°08′20″	国有	三级	旺盛		
176	崂山林场	黄连木	楷树	漆树科	黄连木属	*Pistacia chinensis*	210	13	190	10×16	60.5	崂山风景区太清车场东侧	东经120°40′13″ 北纬36°08′20″	国有	三级	旺盛		
177	崂山林场	麻栎	橡子树、柞树	壳斗科	栎属	*Quercus acutissima*	170	14	185	10×9	58.9	崂山风景区太清宫内	东经120°40′13″ 北纬36°08′23″	国有	三级	旺盛		

（续表）

编号	所属区市	中文名	别名	科	属	拉丁名	树龄	树高(m)	胸围(cm)	冠幅(m)	胸径(cm)	具体生长位置	GPS定位	权属	保护级别	生长势	现有保护措施	备注
178	崂山林场	朴树		榆科	朴属	Celtis sinensis	320	11	210	13×11	66.8	崂山风景区太清车场入口处	东经120°40'12" 北纬36°08'18"	国有	二级	旺盛		
179	崂山林场	银杏	白果、公孙树	银杏科	银杏属	Ginkgo biloba	510	21	170	17×16	54.1	崂山风景区太清张坡	东经120°41'00" 北纬36°07'56"	国有	一级	旺盛		
180	崂山林场	槐	国槐	豆科	槐属	Sophora japonica	160	18	170	11×9	54.1	崂山风景区大清张坡	东经120°41'01" 北纬36°07'56"	国有	三级	一般		
181	崂山林场	银杏	白果、公孙树	银杏科	银杏属	Ginkgo biloba	510	26	280	17×16	89.1	大清张坡	东经120°41'03" 北纬36°07'56"	国有	一级	旺盛		
182	崂山林场	银杏	白果、公孙树	银杏科	银杏属	Ginkgo biloba	510	15	280	9×11	89.1	崂山大清景区垭口	东经120°40'41" 北纬36°08'44"	国有	一级	一般		
183	崂山林场	银杏	白果、公孙树	银杏科	银杏属	Ginkgo biloba	510	13	150	7×6	47.7	崂山大清景区垭口	东经120°40'41" 北纬36°08'44"	国有	一级	一般		
184	崂山林场	楸	黄楸、金楸	紫葳科	梓属	Catalpa bungei	120	22	180	10×12	57.3	大清景区大通口下	东经120°39'56" 北纬36°08'17"	国有	三级	旺盛		
185	崂山林场	楸	黄楸、金楸	紫葳科	梓属	Catalpa bungei	120	20	170	8×8	54.1	大清景区大通口下	东经120°39'56" 北纬36°08'17"	国有	三级	旺盛		
186	崂山林场	楸	黄楸、金楸	紫葳科	梓属	Catalpa bungei	120	22	170	8×6	54.1	大清景区大通口下	东经120°39'56" 北纬36°08'17"	国有	三级	旺盛		
187	崂山林场	楸	黄楸、金楸	紫葳科	梓属	Catalpa bungei	120	20	190	11×12	60.5	大清景区大通口下	东经120°39'56" 北纬36°08'18"	国有	三级	旺盛		
188	崂山林场	银杏	白果、公孙树	银杏科	银杏属	Ginkgo biloba	1040	28	550	18×26	175.1	崂山风景区上清宫	东经120°39'39" 北纬36°08'54"	国有	一级	旺盛		独木成林
189	崂山林场	银杏	白果、公孙树	银杏科	银杏属	Ginkgo biloba	150	20	180	6×7	57.3	崂山风景区上清宫	东经120°39'39" 北纬36°08'54"	国有	三级	旺盛		
190	崂山林场	槐	国槐	豆科	槐属	Sophora japonica	130	18	220	10×12	70.0	崂山风景区上清宫	东经120°39'41" 北纬36°08'54"	国有	三级	旺盛		
191	崂山林场	银杏	白果、公孙树	银杏科	银杏属	Ginkgo biloba	170	20	200	8×16	63.7	崂山风景区上清宫	东经120°39'39" 北纬36°08'55"	国有	三级	旺盛		
192	崂山林场	银杏	白果、公孙树	银杏科	银杏属	Ginkgo biloba	170	10	110	6×8	35.0	崂山风景区上清宫	东经120°39'39" 北纬36°08'55"	国有	三级	较差	围栏	
193	崂山林场	银杏	白果、公孙树	银杏科	银杏属	Ginkgo biloba	170	15	150	6×12	47.7	崂山风景区上清宫	东经120°39'39" 北纬36°08'55"	国有	三级	一般	围栏	
194	崂山林场	玉兰	白玉兰	木兰科	木兰属	Magnolia denudata	170	10	120	6×7	38.2	崂山风景区上清宫	东经120°39'41" 北纬36°08'55"	国有	三级	旺盛		
195	崂山林场	玉兰	白玉兰	木兰科	木兰属	Magnolia denudata	160	10	130	5×7	41.4	崂山风景区上清宫	东经120°39'41" 北纬36°08'55"	国有	三级	旺盛		

（续表）

编号	所属区市	中文名	别名	科	属	拉丁名	树龄	树高(m)	胸围(cm)	冠幅(m)	胸径(cm)	具体生长位置	GPS定位	权属	保护级别	生长势	现有保护措施	备注
196	崂山林场	紫薇	痒痒树、百日红	千屈菜科	紫薇属	*Lagerstroemia indica*	240	5	190	7×7	60.5	崂山风景区上清宫	东经120°39'40" 北纬36°08'56"	国有	三级	一般		
197	崂山林场	桂花	木犀	木犀科	木犀属	*Osmanthus fragrans*	220	5	150	5×6	47.7	崂山风景区上清宫	东经120°39'40" 北纬36°08'56"	国有	三级	一般		
198	崂山林场	银杏	白果、公孙树	银杏科	银杏属	*Ginkgo biloba*	1020	25	410	28×26	130.5	崂山风景区上清宫	东经120°39'39" 北纬36°08'55"	国有	一级	较差	围栏	凤凰涅
199	崂山林场	楸	黄楸、金楸	紫葳科	梓属	*Catalpa bungei*	150	21	210	8×10	66.8	崂山风景区上清宫	东经120°39'41" 北纬36°08'54"	国有	三级	旺盛		
200	崂山林场	银杏	白果、公孙树	银杏科	银杏属	*Ginkgo biloba*	140	15	190	8×6	60.5	崂山风景区明霞洞	东经120°39'46" 北纬36°09'22"	国有	三级	旺盛		
201	崂山林场	银杏	白果、公孙树	银杏科	银杏属	*Ginkgo biloba*	720	22	370	18×11	117.8	崂山风景区明霞洞	东经120°39'46" 北纬36°09'20"	国有	一级	旺盛		
202	崂山林场	银杏	白果、公孙树	银杏科	银杏属	*Ginkgo biloba*	720	20	390	15×13	124.1	崂山风景区明霞洞	东经120°39'45" 北纬36°09'20"	国有	一级	旺盛		
203	崂山林场	银杏	白果、公孙树	银杏科	银杏属	*Ginkgo biloba*	720	20	360	15×13	114.6	崂山风景区明霞洞	东经120°39'45" 北纬36°09'20"	国有	一级	旺盛		
204	崂山林场	玉兰	白玉兰	木兰科	木兰属	*Magnolia denudata*	140	12	190	8×8	60.5	崂山风景区明霞洞	东经120°39'45" 北纬36°09'20"	国有	三级	旺盛		
205	崂山林场	山茶	耐冬	山茶科	山茶属	*Camellia japonica*	420	5	90	4.5×7	28.6	崂山风景区明霞洞	东经120°39'44" 北纬36°09'19"	国有	二级	一般		
206	崂山林场	山茶	耐冬	山茶科	山茶属	*Camellia japonica*	420	5	80	3×7	25.5	崂山风景区明霞洞	东经120°39'44" 北纬36°09'19"	国有	二级	一般		
207	崂山林场	紫薇	痒痒树、百日红	千屈菜科	紫薇属	*Lagerstroemia indica*	620	8	90	8×11	28.6	崂山风景区明霞洞	东经120°39'43" 北纬36°09'19"	国有	一级	旺盛		
208	崂山林场	黄杨	黄杨、瓜子黄杨	黄杨科	黄杨属	*Buxus sinica*	720	6	140	6×5	44.6	崂山风景区明霞洞	东经120°39'49" 北纬36°09'19"	国有	一级	旺盛		
209	崂山林场	黄杨	锦熟黄杨、瓜子黄杨	黄杨科	黄杨属	*Buxus sinica*	720	6	130	8×7	41.4	崂山风景区明霞洞	东经120°39'49" 北纬36°09'19"	国有	一级	旺盛		
210	崂山林场	紫玉兰	辛夷、木兰、木笔	木兰科	木兰属	*Magnolia liliflora*	120	6	130	6×6	41.4	崂山风景区明霞洞	东经120°39'49" 北纬36°09'19"	国有	三级	旺盛		
211	崂山林场	黄杨	锦熟黄杨、瓜子黄杨	黄杨科	黄杨属	*Buxus sinica*	710	7	110	6×7	35.0	崂山风景区明霞洞	东经120°39'43" 北纬36°09'19"	国有	一级	旺盛		

（续表）

编号	所属区市	中文名	别名	科	属	拉丁名	树龄	树高(m)	胸围(cm)	冠幅(m)	胸径(cm)	具体生长位置	GPS定位	权属	保护级别	生长势	现有保护措施	备注
212	崂山林场	圆柏	桧	柏科	圆柏属	Sabina chinensis	170	7	130	3×7	41.4	崂山风景区明霞洞	东经120°39′45″ 北纬36°09′20″	国有	三级	旺盛		
213	崂山林场	黄杨	锦熟黄杨、瓜子黄杨	黄杨科	黄杨属	Buxus sinica	710	7	120	7×6	38.2	崂山风景区明霞洞	东经120°39′45″ 北纬36°09′20″	国有	一级	旺盛		
214	崂山林场	黄杨	锦熟黄杨、瓜子黄杨	黄杨科	黄杨属	Buxus sinica	710	7	126	7×8	40.1	崂山风景区明霞洞	东经120°39′45″ 北纬36°09′20″	国有	一级	旺盛		
215	崂山林场	流苏树	牛筋子	木犀科	流苏树属	Chionanthus retusus	170	9	160	12×10	50.9	崂山风景区明霞洞	东经120°39′45″ 北纬36°09′20″	国有	三级	旺盛		
216	崂山林场	紫玉兰	辛夷、木兰、木笔	木兰科	木兰属	Magnolia liliflora	130	12	120	9×8	38.2	崂山风景区明霞洞	东经120°39′44″ 北纬36°09′19″	国有	三级	旺盛		
217	崂山林场	凌霄		紫葳科	凌霄属	Campsis grandiflora	120	3.5	25	3.5×1.5	8.0	崂山风景区明霞洞	东经120°39′44″ 北纬36°09′19″	国有	三级	一般		
218	崂山区	石榴	安石榴	石榴科	石榴属	Punica granatum	130	5	135	4.3×4	43.0	崂山区王哥庄街道王山口村278号于伸钦家	东经120.63160° 北纬36.28820°	个人	三级	旺盛	围栏	
219	崂山区	圆柏	桧	柏科	圆柏属	Sabina chinensis	260	10	148	7.5×7.1	47.1	崂山区王哥庄街道王山口村于家茔北	东经120.63264° 北纬36.28854°	集体	三级	旺盛		
220	崂山区	圆柏	桧	柏科	圆柏属	Sabina chinensis	310	7	179	8.5×9	57.0	崂山区王哥庄街道王山口村交叉路口	东经120.64039° 北纬36.28914°	集体	二级	旺盛	水泥坛	
221	崂山区	圆柏	桧	柏科	圆柏属	Sabina chinensis	510	8	336	8.7×8.2	107.0	崂山区王哥庄街道西台村北茔	东经120°35′36″ 北纬36°19′01″	集体	一级	一般	围栏	
222	崂山区	槐	国槐	豆科	槐属	Sophora japonica	1000	16	830	26.3×25.2	264.2	崂山区王哥庄街道东台村槐树沟	东经120°36′14″ 北纬36°18′57″	集体	一级	较差	围栏、支架	
223	崂山区	朴树		榆科	朴属	Celtis sinensis	120	10	358	17×17	114.0	崂山区王哥庄街道青山村后河	东经120°41′00″ 北纬36°09′17″	个人	三级	旺盛		
224	崂山区	朴树		榆科	朴属	Celtis sinensis	410	6	129	9×9.6	41.1	崂山区王哥庄街道雕龙嘴村东岗	东经120°40′51″ 北纬36°13′07″	集体	二级	一般	围栏	
225	崂山区	银杏	白果、公孙树	银杏科	银杏属	Ginkgo biloba	410	13	330	14×11.5	105.0	崂山区王哥庄街道港东村村委院内	东经120°40′11″ 北纬36°15′57″	集体	二级	一般	水泥坛	

（续表）

编号	所属区市	中文名	别名	科	属	拉丁名	树龄	树高（m）	胸围（cm）	冠幅（m）	胸径（cm）	具体生长位置	GPS定位	权属	保护级别	生长势	现有保护措施	备注
226	崂山区	圆柏	桧	柏科	圆柏属	Sabina chinensis	350	9	370	15×13.3	117.8	崂山区王哥庄街道姜家村大柏树茔西北	东经120° 37′ 47″ 北纬36° 15′ 37″	集体	二级	旺盛		
227	崂山区	圆柏	桧	柏科	圆柏属	Sabina chinensis	350	10	340	13.7×14	108.2	崂山区王哥庄街道姜家村大柏树茔东南	东经120° 37′ 47″ 北纬36° 15′ 37″	集体	二级	旺盛		
228	崂山区	朴树		榆科	朴属	Celtis sinensis	360	14	350	12.5×11	111.4	崂山区王哥庄街道王哥庄村工具厂	东经120° 38′ 20″ 北纬36° 15′ 57″	集体	二级	濒危		
229	崂山区	枫杨	柸柳	胡桃科	枫杨属	Pterocarya stenoptera	280	14	300	19×18.5	95.5	崂山区王哥庄街道王哥庄村箱包加工厂	东经120° 38′ 21″ 北纬36° 15′ 55″	集体	三级	一般	水泥围坛	
230	崂山区	白皮松	虎皮松	松科	松属	Pinus bungeana	410	8	190	10×9.5	60.5	崂山区王哥庄街道高家村老涧沟	东经120° 36′ 41″ 北纬36° 16′ 33″	集体	二级	一般		
231	崂山区	银杏	白果、公孙树	银杏科	银杏属	Ginkgo biloba	1000	17	860	15×18	273.7	崂山区王哥庄街道囤山村幼儿园	东经120° 36′ 07″ 北纬36° 16′ 45″	集体	一级	旺盛		
232	崂山区	槐	国槐	豆科	槐属	Sophora japonica	310	11	200	13.7×11.3	63.7	崂山区王哥庄街道囤山村高维莲家	东经120° 36′ 09″ 北纬36° 16′ 40″	个人	二级	濒危		
233	崂山区	紫薇	痒痒树、百日红	千屈菜科	紫薇属	Lagerstroemia indica	200	7.5	100	9.1×9.5	31.8	崂山区沙子口街道栲栳岛村潮海院内北	东经120° 33′ 54″ 北纬36° 07′ 24″	集体	三级	旺盛		
234	崂山区	银杏	白果、公孙树	银杏科	银杏属	Ginkgo biloba	600	19	420	18×22.3	133.7	崂山区沙子口街道栲栳岛村潮海院内北	东经120° 33′ 54″ 北纬36° 07′ 24″	集体	一级	旺盛		
235	崂山区	银杏	白果、公孙树	银杏科	银杏属	Ginkgo biloba	600	16	260	13×22.3	82.8	崂山区沙子口街道栲栳岛村潮海院内北	东经120° 33′ 54″ 北纬36° 07′ 24″	集体	一级	一般		
236	崂山区	银杏	白果、公孙树	银杏科	银杏属	Ginkgo biloba	600	14	275	13.6×14	87.5	崂山区沙子口街道栲栳岛村潮海院内南	东经120° 33′ 54″ 北纬36° 07′ 24″	集体	一级	旺盛		
237	崂山区	银杏	白果、公孙树	银杏科	银杏属	Ginkgo biloba	150	9	146	6.4×11.6	46.5	崂山区沙子口街道栲栳岛村潮海院内南	东经120° 33′ 54″ 北纬36° 07′ 24″	集体	三级	旺盛		
238	崂山区	银杏	白果、公孙树	银杏科	银杏属	Ginkgo biloba	150	9	180	9.5×11.6	57.3	崂山区沙子口街道栲栳岛村潮海院内南	东经120° 33′ 54″ 北纬36° 07′ 24″	集体	三级	旺盛		

（续表）

编号	所属区市	中文名	别名	科	属	拉丁名	树龄	树高(m)	胸围(cm)	冠幅(m)	胸径(cm)	具体生长位置	GPS定位	权属	保护级别	生长势	现有保护措施	备注
239	崂山区	银杏	白果、公孙树	银杏科	银杏属	Ginkgo biloba	600	16	276	12.2×11	87.9	崂山区沙子口街道枯岛村潮海院内南	东经120°33′54″ 北纬36°07′24″	集体	一级	旺盛		
240	崂山区	银杏	白果、公孙树	银杏科	银杏属	Ginkgo biloba	510	16.25	310	18×14.5	98.7	崂山区沙子口街道石湾村庵子（大士寺）西	东经120°30′05″ 北纬36°06′48″	集体	一级	旺盛		
241	崂山区	银杏	白果、公孙树	银杏科	银杏属	Ginkgo biloba	510	17	350	16.7×15	111.4	崂山区沙子口街道石湾村庵子（大士寺）东	东经120°30′05″ 北纬36°06′48″	集体	一级	旺盛		
242	崂山区	山茶	耐冬	山茶科	山茶属	Camellia japonica	400	4	115	5×5	36.6	崂山区沙子口街道坡前沟村京房后	东经120°29′43″ 北纬36°07′46″	个人	二级	濒危		
243	崂山区	山茶	耐冬	山茶科	山茶属	Camellia japonica	300	6	100	7×8	31.8	崂山区沙子口街道段家埠村段子臣后院	东经120°32′22″ 北纬36°07′32″	个人	二级	旺盛		
244	崂山区	山茶	耐冬	山茶科	山茶属	Camellia japonica	400	6	120	6.5×5.4	38.2	崂山区沙子口街道砖塔岭村曲智仁家	东经120°36′27″ 北纬36°08′40″	个人	二级	一般		
245	崂山区	山茶	耐冬	山茶科	山茶属	Camellia japonica	200	6	80	3.5×4	25.5	崂山区沙子口街道小河东村王伟伦家	东经120°34′41″ 北纬36°08′18″	个人	三级	濒危		
246	崂山区	木瓜	木梨瓜、铁角梨	蔷薇科	木瓜属	Chaenomeles sinensis	350	7	85	5×37	27.1	崂山区沙子口街道小河东村王翠婷家	东经120°34′36″ 北纬36°08′22″	个人	二级	一般		
247	崂山区	银杏	白果、公孙树	银杏科	银杏属	Ginkgo biloba	500	18	360	19×15.6	114.6	崂山区海庙村海庙西	东经120°32′28″ 北纬36°06′11″	集体	一级	旺盛		
248	崂山区	银杏	白果、公孙树	银杏科	银杏属	Ginkgo biloba	500	11	220	11.3×11.5	70.0	崂山区沙子口街道海庙村海庙东	东经120°32′28″ 北纬36°06′11″	集体	一级	一般		
249	崂山区	山茶	耐冬	山茶科	山茶属	Camellia japonica	120	5	75	5.1×4.1	23.9	崂山区沙子口街道海庙村海庙东	东经120°32′28″ 北纬36°06′11″	集体	三级	一般		
250	崂山区	槐	国槐	豆科	槐属	Sophora japonica	510	8	250	11×11	79.6	崂山区北宅街道东乌衣巷村路南西边	东经120°32′38″ 北纬36°14′34″	集体	一级	旺盛		

（续表）

编号	所属区市	中文名	别名	科	属	拉丁名	树龄	树高(m)	胸围(cm)	冠幅(m)	胸径(cm)	具体生长位置	GPS定位	权属	保护级别	生长势	现有保护措施	备注
251	崂山区	槐	国槐	豆科	槐属	Sophora japonica	510	7	300	11×12	95.5	崂山区北宅街道东乌衣巷村路南东边	东经120°32′38″ 北纬36°14′34″	集体	一级	旺盛		
252	崂山区	槐	国槐	豆科	槐属	Sophora japonica	210	11	230	8.7×10.4	73.2	崂山区北宅街道兰家庄村兰芝芬家	东经120°30′54″ 北纬36°14′15″	个人	三级	一般	水泥封堵	
253	崂山区	银杏	白果、公孙树	银杏科	银杏属	Ginkgo biloba	140	13	240	12.2×13.6	76.4	崂山区北宅街道埠落村村委办公室后	东经120°31′06″ 北纬36°13′55″	集体	三级	旺盛	水泥坛	
254	崂山区	银杏	白果、公孙树	银杏科	银杏属	Ginkgo biloba	140	11	150	8.8×9.3	47.7	崂山区北宅街道埠落村村委办公室后	东经120°31′06″ 北纬36°13′55″	集体	三级	旺盛	水泥坛	
255	崂山区	枫杨	枰柳	胡桃科	枫杨属	Pterocarya stenoptera	110	20	300	25×26	95.5	崂山区北宅街道燕石村河南	东经120°33′34″ 北纬36°13′14″	集体	三级	旺盛		
256	崂山区	平基槭	元宝枫	槭树科	槭属	Acer truncatum	150	12	340	22×18.7	108.2	崂山区北宅街道晖流村神清宫	东经120°33′57″ 北纬36°13′55″	集体	三级	旺盛	水泥封堵	
257	崂山区	银杏	白果、公孙树	银杏科	银杏属	Ginkgo biloba	800	17	540	18×19	171.9	崂山区北宅街道大崂村陈秀本家	东经120°33′26″ 北纬36°14′31″	个人	一级	旺盛		
258	崂山区	枫杨	枰柳	胡桃科	枫杨属	Pterocarya stenoptera	130	14	220	13×13	70.0	崂山区北宅街道卧龙村卧龙桥东	东经120°34′25″ 北纬36°14′29″	集体	三级	旺盛		枫杨群5株
259	崂山区	枫杨	枰柳	胡桃科	枫杨属	Pterocarya stenoptera	130	13	320	23.5×20	101.9	崂山区北宅街道卧龙村卧龙桥东	东经120°34′25″ 北纬36°14′29″	集体	三级	旺盛		枫杨群5株
260	崂山区	枫杨	枰柳	胡桃科	枫杨属	Pterocarya stenoptera	130	14	200	16×20	63.7	崂山区北宅街道卧龙村卧龙桥东	东经120°34′25″ 北纬36°14′29″	集体	三级	旺盛		枫杨群5株
261	崂山区	枫杨	枰柳	胡桃科	枫杨属	Pterocarya stenoptera	130	19	300	24×20	95.5	崂山区北宅街道卧龙村卧龙桥东	东经120°34′25″ 北纬36°14′29″	集体	三级	旺盛		枫杨群5株
262	崂山区	枫杨	枰柳	胡桃科	枫杨属	Pterocarya stenoptera	130	19	210	15×20	66.8	崂山区北宅街道卧龙村卧龙桥东	东经120°34′25″ 北纬36°14′29″	集体	三级	旺盛		枫杨群5株
263	崂山区	槐	国槐	豆科	槐属	Sophora japonica	300	15	251	10.2×8	79.9	崂山区北宅街道孙吉顺家	东经120°34′28″ 北纬36°14′28″	个人	二级	旺盛		
896	崂山林场	天女木兰	天女花、小花玉兰、茶涧木兰	木兰科	木兰属	Magnolia sieboldiih	100	3	40	6×4	12.7	崂山风景区巨峰游览区茶涧庙	东经120°36′18″ 北纬36°10′47″	国有	三级	一般	石砌	

（续表）

编号	所属区市	中文名	别名	科	属	拉丁名	树龄	树高(m)	胸围(cm)	冠幅(m)	胸径(cm)	具体生长位置	GPS定位	权属	保护级别	生长势	现有保护措施	备注
897	崂山林场	黑弹树	小叶朴	榆科	朴属	Celtis bungeana	220	22	233	10.05×13.06	74.2	崂山风景区王哥庄街道返岭村华严寺大殿西侧	东经120°40′28″ 北纬36°12′27″	国有	三级	旺盛		
898	崂山林场	石榴	安石榴	石榴科	石榴属	Punica granatum	120	5	40	2.8×2.6	12.7	崂山风景区王哥庄街道返岭村管理处办公室前	东经120°40′30″ 北纬36°12′26″	国有	三级	一般		
899	崂山林场	木瓜	木梨瓜、铁角梨	蔷薇科	木瓜属	Chaenomeles sinensis	120	9	140	10.5×8	44.6	崂山风景区王哥庄街道返岭村瓜蒌子	东经120°39′16″ 北纬36°12′41″	国有	三级	旺盛		
900	崂山林场	山茶	耐冬	山茶科	山茶属	Camellia japonica	115	4	61	4×4	19.4	崂山风景区关帝庙院内	东经120°40′14″ 北纬36°13′38″	国有	三级	旺盛	围栏	
901	崂山林场	木犀	桂花	木犀科	木犀属	Osmanthus fragrans	115	3	300	3×3	95.5	崂山风景区关帝庙院内	东经120°40′14″ 北纬36°13′38″	国有	三级	旺盛	围栏	
902	崂山林场	黄杨	锦熟黄杨、瓜子黄杨	黄杨科	黄杨属	Buxus sinica	115	4	94	4×3	29.9	崂山风景区关帝庙院内	东经120°40′14″ 北纬36°13′38″	国有	三级	旺盛	围栏	
903	崂山林场	流苏	牛筋子	木犀科	流苏树属	Chionanthus retusus	115	9	108	7×7	34.4	崂山风景区关帝庙院内	东经120°40′14″ 北纬36°13′38″	国有	三级	旺盛	围栏	
904	崂山区	圆柏	桧	柏科	圆柏属	Sabina chinensis	200	8	144	8×7	45.8	崂山区王哥庄街道王山口村老爷庙	东经120.63118° 北纬36.29082°	集体	三级	旺盛		
905	崂山区	圆柏	桧	柏科	圆柏属	Sabina chinensis	100	7	122	6×5.8	38.8	崂山区王哥庄街道桑园村万年水庙	东经120°37′23″ 北纬36°15′45″	集体	三级	旺盛		
906	崂山区	圆柏	桧	柏科	圆柏属	Sabina chinensis	200	10	230	11.2×8.2	73.2	崂山区王哥庄街道西山村褚子疃北	东经120°37′23″ 北纬36°16′07″	个人	三级	旺盛		
907	崂山区	圆柏	桧	柏科	圆柏属	Sabina chinensis	200	9	200	10.7×8.6	63.7	崂山区王哥庄街道西山村褚子疃南	东经120°37′23″ 北纬36°16′07″	个人	三级	较差		
908	崂山区	三角槭	三角枫	槭树科	槭属	Acer buergerianum	110	13	160	9×9.7	50.9	崂山区王哥庄街道晓望村二龙山塘子观外	东经120°38′38″ 北纬36°14′38″	集体	三级	旺盛		
909	崂山区	侧柏	扁柏、香柏	柏科	侧柏属	Platycladus orientalis	110	10	120	6×6	38.2	崂山区王哥庄街道晓望村二龙山塘子观西	东经120°38′39″ 北纬36°14′39″	集体	三级	旺盛		
910	崂山区	侧柏	扁柏、香柏	柏科	侧柏属	Platycladus orientalis	110	10	100	5×5	31.8	崂山区王哥庄街道晓望村二龙山塘子观东	东经120°38′39″ 北纬36°14′39″	集体	三级	旺盛		

（续表）

编号	所属区县市	中文名	别名	科	属	拉丁名	树龄	树高(m)	胸围(cm)	冠幅(m)	胸径(cm)	具体生长位置	GPS定位	权属	保护级别	生长势	现有保护措施	备注
911	崂山区	侧柏	扁柏、香柏	柏科	侧柏属	Platycladus orientalis	200	8	140	7.6×8.5	44.6	崂山区王哥庄街道晓望村南茔南	东经120°38'46" 北纬36°15'00"	集体	三级	旺盛		侧柏群5株
912	崂山区	圆柏	桧	柏科	圆柏属	Sabina chinensis	200	9	200	8.3×8.7	63.7	崂山区王哥庄街道晓望村南茔南	东经120°38'46" 北纬36°15'00"	集体	三级	旺盛		
913	崂山区	侧柏	扁柏、香柏	柏科	侧柏属	Platycladus orientalis	200	7	110	6.2×5.2	35.0	崂山区王哥庄街道晓望村南茔南	东经120°38'46" 北纬36°15'00"	集体	三级	一般		侧柏群5株
914	崂山区	侧柏	扁柏、香柏	柏科	侧柏属	Platycladus orientalis	200	10	130	7.8×6.7	41.4	崂山区王哥庄街道晓望村南茔南	东经120°38'46" 北纬36°15'00"	集体	三级	一般		侧柏群5株
915	崂山区	侧柏	扁柏、香柏	柏科	侧柏属	Platycladus orientalis	200	10	150	7.8×7	47.7	崂山区王哥庄街道晓望村南茔南	东经120°38'46" 北纬36°15'00"	集体	三级	一般		侧柏群5株
916	崂山区	侧柏	扁柏、香柏	柏科	侧柏属	Platycladus orientalis	200	8	100	5.4×6.1	31.8	崂山区王哥庄街道晓望村南茔南	东经120°38'46" 北纬36°15'00"	集体	三级	一般		侧柏群5株
917	崂山区	圆柏	桧	柏科	圆柏属	Sabina chinensis	200	9	150	7.3×7.1	47.7	崂山区王哥庄街道晓望村南茔南	东经120°38'46" 北纬36°15'00"	集体	三级	一般		
918	崂山区	银杏	白果、公孙树	银杏科	银杏属	Ginkgo biloba	300	12	210	15.6×16.5	66.8	崂山区沙子口街道海庙村海庙后	东经120°32'28" 北纬36°06'11"	集体	二级	旺盛		
919	崂山区	楸	梓桐	紫葳科	梓属	Catalpa bungei	130	14	150	9.5×11.2	47.7	崂山区沙子口街道大河东村大庵子王伦柱家	东经120°35'13" 北纬36°09'28"	个人	三级	旺盛	水泥围坛	
920	崂山区	臭檀	臭檀、辣子、达氏吴茱萸	芸香科	吴茱萸属	Evodia daniellii	150	8	205	7.8×10	65.3	崂山区北宅街道晖流村神清宫西	东经120°33'55" 北纬36°13'54"	集体	三级	旺盛		
921	崂山区	君迁子	软枣、黑枣	柿科	柿属	Diospyros lotus	200	4	130	7.8×9	41.4	崂山区北宅街道北涧村河边	东经120°30'45" 北纬36°12'00"	集体	三级	旺盛		
922	崂山区	樱桃	中国樱桃	蔷薇科	樱属	Cerasus pseudocerasus	100	5	175	9.1×9.1	55.7	崂山区北宅街道东陈村大山涧	东经120°31'26" 北纬36°10'44"	个人	三级	一般		